聊聊育儿这些事儿

——电视育儿节目访谈录

郑佳佳/编

时代出版传媒股份有限公司
安徽文艺出版社

图书在版编目（ＣＩＰ）数据

聊聊育儿这些事儿：电视育儿节目访谈录/郑佳佳
编.—合肥：安徽文艺出版社, 2018.11
ISBN 978-7-5396-6260-2

Ⅰ．①聊… Ⅱ．①郑… Ⅲ．①婴幼儿－哺育－基本知
识 Ⅳ．①TS976.31

中国版本图书馆 CIP 数据核字(2017)第 272725 号

出 版 人：朱寒冬
责任编辑：韩 露   装帧设计：张诚鑫

. . . .

出版发行：时代出版传媒股份有限公司 www.press-mart.com
　　　　　安徽文艺出版社 www.awpub.com
地 　　 址：合肥市翡翠路 1118 号　　邮政编码：230071
营 销 部：(0551)63533889
印 　 制：安徽联众印刷有限公司　　(0551)65661327

. . . .

开本：880×1230　1/32　印张：5.375　字数：150 千字
版次：2018 年 11 月第 1 版　2018 年 11 月第 1 次印刷
定价：32.00 元

. . . .

(如发现印装质量问题，影响阅读，请与出版社联系调换)

版权所有，侵权必究

自　序

　　这是我的第一本书,也是第一本育儿书。因为这本书的内容是来自我曾经主持的育儿访谈节目,所以严格来说这是一本访谈录。写本书的初衷是为了将自己主持的这些节目整理成文字资料收藏,所以我从2015年开始一期一期的慢慢整理,可是写着写着我突然发现这些内容太值得拿出来和大家一起分享了,于是我决定将她编辑成书,一本集数位名医名家的访谈录就这样诞生了。

　　2005年刚走出校园不久的我进入中国教育电视台早期教育专业频道担任节目主持人。整整十年,我在100平米的演播室里主持了《妈咪讲堂》《早教直通车》《感悟小人国》《轻松教子》等500多期育儿访谈节目,迎来了国内早教领域的众多专家学者,话题涉及0-8岁婴幼儿健康以及教育的一系列问题。在节目中通过我与嘉宾的对话交流,直面家长们在养育过程中的各种困惑,我感到育儿并非一件小事儿。为了使自己更好的融入到节目中,我开始学习早教知识,关注孩子,并尝试着走进孩子的世界,学会了解孩子,理解孩子。在这十年里随着自己从初入职场到初为人母的身份转变,我的心也随之变得细腻柔软,再与嘉宾对话时我的目光多了一丝温柔,少了一些严肃,谈话的内容也带有更多自己的思考,因为我对所有的问题都感同身受。作为主持人,我的进步得益于我的孩子,作为一名普通的母亲,我的成长更要感谢我的孩子。是她令我懂得什么是母爱,是她带领我进入孩子的世界。在陪伴她的过程中我体会到了许多的快乐和艰辛,深刻感受到了生命的责任。因为养育孩子的道路是一条没有回头路的单行道,所以我也同许多新手爸妈一样在没有任何可借鉴的经验的情况下,希望能通过一些渠道寻求到更全面更科学的育儿方法,避免走错路走弯路。可是在网络发达的今天,各种信息资讯铺天盖地,尤其是微信里充斥的各种各样的育儿文章,使我们无从分辨究竟哪些是"鸡汤"哪些是"砒霜"。时常看到家长群里大家相互转发的育儿帖,可能我们不论出处都照单全收,甚至有些观点是偏离正确的教育轨道的。所以我希望能通过这本集数位具有丰富儿科、产科工作经验的医生和儿童教育专家讲述的育儿书籍,和父母们聊聊育儿这些事儿,给大家提供一些切实可行的建议,共同分享科学育儿的新理念。同时也能帮助家长审视自己的行为,使我们在养育孩子的过程中遇到问题不会感到困惑,更不会被误导。

也许这不是一本秘籍型的育儿宝典;也不是一本育儿百科;更不是知识盛宴,但却是一本可以与父母们零距离交谈的育儿读物。无论在这本访谈录里您是否能找到自己想要的答案,但是我相信您一定能获取到一些可靠且有价值的育儿信息。而我只想通过这本书表达一个愿望:与你们一起成为更好的父母!

目　录

c o n t e n t s

第一篇 孕 产

成功怀孕

关键词：不孕、流产、检查、备孕、生活习惯

访谈嘉宾：北京市海淀区妇幼保健院产科主任医师 李智

1989 年毕业于南通医学院医学系。1989～1999 年于徐州医学院附属医院（三甲医院）妇产科工作。1999～2002 年在北京大学医学部攻读临床研究生，获硕士学位。2003 年 9 月以人才引进调入北京市海淀区妇幼保健院。主治高危妊娠、产科合并症。治疗特长：1. 产科并发症及高危难产的诊断和处理。2. 子宫内膜异位症、腹痛的鉴别诊断及处理。3. 妇科肿瘤的诊治及手术的操作细则。

主持人：现在不少育龄的女性都为无法受孕而发愁，并且这种不孕的情况整体呈现上升趋势。目前国内的情况具体是怎样的？

李主任：目前国内的不孕症患者从过去的 3% 上升到了 8%，有的地区的百分比甚至超过了两位数。因为不孕，不少夫妻发生矛盾、感情的破裂，有些不孕症患者更会病急乱投医，到一些非正规的"专科医院"去治疗，导致上当受骗。其实不孕的患者首先要去正规

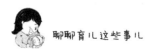

的大医院的妇科门诊做检查,然后再决定是否要到不孕症门诊就诊。

主持人:导致不孕症的因素是什么?

李主任:因素有很多方面。按照分类,一种是原发性不孕和继发性不孕,另一种是绝对不孕和相对不孕。按照不孕的部位可以分为子宫性的、卵巢性的,或者是其他内分泌性的,等等,甲状腺疾病也会导致不孕。所以对于不孕的原因只有先了解是发生在夫妻的哪一方,在身体哪个部位,才能有针对性地进行治疗。男性不孕的原因有很多,例如精液液化不好、性生活时反向射精等。女性有不孕和不育两种情况,导致不孕的因素有处女膜闭锁、阴道有横膈、输卵管不通、子宫内膜发育异常、下丘脑垂体功能不良等等。现在比较常见的是多囊卵巢综合征,与自身的免疫系统有关。继发性的不孕,主要原因是多次人工流产造成输卵管堵塞粘连,还有一些继发疾病导致输卵管和子宫内膜的功能不良。不育指的是可以受孕,但胚胎无法生长,出现反复流产或者早产,无法生育健康的孩子。例如胚胎停育、空胚囊、发育畸形等都会造成早期的流产。造成不育症的因素有50%到60%属于遗传因素,这种遗传因素并非受到家族基因的影响,多半是受精卵在受精过程中,或者是在发育过程中受到外界因素的影响(病毒感染或者微生物的感染等)导致染色体异常。流产是自然淘汰的一种现象,对于染色体异常的胚胎不需要保胎。

主持人：现在的女性绝大多数都要面对较大的工作压力，也因此容易内分泌紊乱，是否会引起不孕呢？

李主任：的确，工作压力过大也可以导致不孕。人类的受孕很奥妙，除了前面提到的可以查出的器质性病变原因导致的不孕，还有一些是无法查明的原因。有些女性不孕患者在检查中一切都正常，身体没有任何异样，这种不孕可能与压力、生活习惯、心情等有关，尤其是一些白领或者金领阶层工作压力过大，精神紧张，睡眠不好，都会影响到内分泌，容易出现不孕的问题。这种紧张的状态一旦放松下来，就会成功受孕。

主持人：环境是否会对怀孕造成一定的影响？

李主任：会的。例如接触到一些有毒的气体或者辐射等，尤其是有些女性在工作环境中会接触到一些放射性物质，会引起不育，也容易造成流产。

主持人：对于不同的病症引起的不孕，如何进行正确的检查和治疗？

李主任：首先不能病急乱投医。因为造成不孕的原因太多、太复杂，目前为止，能找到病因的患者只有百分之十几，还有将近80%的患者是无法找到病因的。所以治疗不孕需要一步一步地进行，不能着急，一定要有耐心。尤其是不要频繁地更换医院治疗，容易导

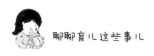
致一些错误的判断,建议在一家医院进行系统的检查和治疗。其次是对不孕的诊断,主张男性先做检查,因为男性的检查比较简单,只要通过精液检查精子是否有异常就可以。而女性的检查较为复杂,需要进行很多项的检查,并且一次只能检查一项。女性做检查时,第一步做妇科检查,排除因妇科疾病导致的不孕。第二步再做输卵管功能的检查(输卵管造影),检测输卵管是否通畅,有些地方会采用输卵管通水等其他方式检查输卵管是否通畅,但我们建议最佳的检测方式还是输卵管造影。第三步就是检查卵巢的功能,需要化验血常规和做 B 超。第四步检查脑垂体和下丘脑的功能。如果前面的几项检查都正常,依旧不孕,基本属于心理上的问题,患者本身对怀孕这件事有压力或者有顾虑。

主持人:备孕期大概是多久?

李主任:备孕期一般是一年左右。原发不孕一般情况是正常夫妻在正常性生活的情况下两年没有怀孕,继发不孕是继上次流产后两年不孕的。正常情况下计划怀孕的夫妻中,80% 左右在一年内会怀孕(其中只有 20% 的夫妻在 1 个月左右会怀孕),另外还有 20% 可能会在备孕的第二年怀孕。所以一般备孕一年以内没有怀孕的夫妻,若没有任何身体的不适,就不用太紧张,也无须到医院做检查。

主持人:不孕不育的治愈率有多大?

李主任：不孕不育要分是什么原因，有的很好治疗。治疗的措施医生会根据情况建议患者如何选择。例如有些严重的输卵管堵塞，根本无法疏通了，医生就会建议做试管婴儿。当然试管婴儿绝不是任何情况下都可以使用的方式，毕竟目前的成功率只能达到30%，所以如果通过治疗能够解决病症，还是应该采用正常受孕的方式。

主持人：如果想要成功怀孕，我们平时应如何注意自己的生活习惯和身体状况？

李主任：首先，男性要注意避免抽烟喝酒，避免熬夜，尤其是烟酒会导致精子畸形率增高和影响到精液的液化。女性除了生活习惯方面，还需要注意以下几点。一是月经周期是否正常以及经期的卫生习惯。二是衣原体感染，例如有沙眼的情况一定要尽早治疗，因为衣原体会造成输卵管的堵塞。三是夫妻生活的卫生，尤其注意避免经期的夫妻生活，因为不仅会有感染的风险，还会有导致子宫内膜异位症的风险。四是没有准备怀孕的时期要注意避孕，选择合适的避孕方法。紧急避孕药可以偶尔服用，但不能作为常规的避孕药频繁使用，否则会导致月经周期紊乱，继而造成不孕。五是养成健康的饮食习惯，少吃腌制食品，多吃水果蔬菜和鱼虾。六是备孕前三个月要开始补充叶酸。七是平时要避免进行超负荷的运动，因为过强的运动也会导致不孕。八是避免过胖或者过瘦。

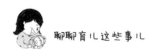聊聊育儿这些事儿

孕妈妈春季疾病的预防

关键词：风疹病毒、水痘病毒、肝炎病毒、巨细胞病毒、流感病毒、疱疹病毒

访谈嘉宾：北京市海淀区妇幼保健院产科主任　徐艳

医学硕士，北京市海淀区妇幼保健院妇产科主任医师，担任产科主任多年，负责海淀区妇幼保健院疑难危重病人的会诊、抢救工作。主治高危妊娠、产科合并症。擅长妇女宫颈病变、妇女更年期保健、生殖道感染性疾病的诊治，对妊娠期糖尿病、妊娠高血压综合征的孕期监测管理及胎儿生长受限等病理产科有比较丰富的临床经验，在对妇科恶性肿瘤的诊断和治疗方面，积累了一定的临床经验。

主持人：徐主任您好！说到疾病，其实对于孕妈妈来说最大的影响就是胎儿和母亲本身。在什么时期胎儿最容易受到来自母体的影响？

徐主任：通常是孕期前 3 个月，也就是妊娠 1～12 周最容易受

到外界的影响,而且后果很严重。

主持人：孕妈妈相比常人更容易受到疾病的危害吗?

徐主任：的确,孕期是容易受到各种因素影响的,尤其是环境中病毒的影响比较大。

主持人：春季是病毒最活跃的季节,孕妈妈最容易感染哪些疾病?

徐主任：首先春季容易使人感到倦怠,受到季节的影响,感染性疾病会增多,例如风疹病毒、水痘、流行性感冒、肝炎等,相比其他的季节,发病率会明显增高。

主持人：如果孕妈妈感染了风疹病毒,会有哪些表现?

徐主任：大部分孕妈妈出现风疹病毒抗体阳性的时候,并不知道自己是何时感染的。因为症状非常轻微,只是有一点低热和倦怠。少部分人有明显的上呼吸道感染的症状,出现发热、出疹子、感冒症状严重的情况,来医院就诊后检查出是感染风疹病毒。

主持人：这种病毒对母亲和胎儿有哪些影响?

徐主任：对母亲的影响是上述提到的,出现倦怠、食欲不佳等

比较轻微的反应。主要是对胎儿有很大的影响，尤其是孕早期感染风疹病毒会令胎儿致畸。一种现象是胎停育、流产；一种现象是保留下来的胎儿可能会出现肢体残缺、心脑血管发育畸形以及脑的发育畸形等情况。所以我们建议早期感染风疹病毒的孕妇最好及时采取相应的措施。

主持人：肝炎病毒对孕妈妈有哪些影响？会有哪些症状？

徐主任：肝炎一般表现为消化道症状，患者会出现恶心呕吐、倦怠的症状，加重妊娠反应，所以很多孕妇会误认为是妊娠反应，错过最佳的治疗时机。妊娠早期任何的病毒感染都是高危害的，尤其是确定妊娠的四周之内，因为妊娠早期属于高敏期。到了妊娠中期，这种危害会慢慢减小，可能会表现出一些早产的迹象，有的是短期内不会发现到对胎婴儿的影响。

主持人：如果感染了肝炎病毒，有没有好的治疗方法？

徐主任：目前没有特别好的治疗方法，主要是护肝和增强孕妇的身体抵抗力。

主持人：春季还有一种多发的病毒是水痘，如果不慎感染，对孕妈妈和胎儿有哪些影响？

徐主任：大部分人在幼儿期就已经接种过水痘疫苗了，所以接种过疫苗的孕妈妈体内是有抗体的。但是我们也发现有些幼儿期接受过水痘疫苗的孕妈妈，仍然感染了水痘。一般会出现中低度的发热和倦怠的症状，少部分人出现高热，可能会有疱疹样的改变。初次感染者会有明显严重的症状，接种过疫苗又感染的患者症状不典型，是很隐秘的过程。早期感染会使胎儿停育、流产，存留下来的胎儿会出现智力问题、发育畸形、视网膜发育问题等。

主持人：除了这些常见的病毒之外，还有什么样的病毒是在孕期危害较大的？

徐主任：春季流行的病毒其实还有很多，典型的如巨细胞病毒、疱疹病毒、流感病毒、麻疹病毒等。先说说巨细胞病毒，这个病毒是通过空气进行传播的，会侵犯到胎盘，影响到胎盘的功能。有些属于宫内发育受限的胎儿，其实是发生病毒感染后影响到了胎儿的生长发育。

疱疹病毒与其他病毒对胎儿的影响是差不多的，但是疱疹病毒如果出现在生殖道里，通过产道分娩会使胎儿发生除宫内以外的一种感染，就是生殖道感染，这个需要引起高度关注。孕妇如果在生殖道区域或者身体其他部位发现皮肤改变，就要及时就医。

流感病毒最主要的症状是发高热，对于孕妈妈来说发高热对胎儿的影响还是很大的。它不像有的病毒只是引起早期的致畸，发高热对任何阶段的胎儿大脑发育都会有影响。体温高于 38.5 摄氏度的发热，持续 4 个小时就会对胎儿的大脑造成影响；如果烧到了 39 度，2 个小时以内不降温，对胎儿的危害更大。因为人的大脑是从胚

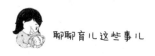

胎开始持续发育到出生后的,所以无论是孕早期还是孕中晚期,对胎儿的影响都持续存在。而且流感病毒会引起卡他性炎,刺激到嗓子,引起咳嗽,导致羊水早破、流产、早产等情况,所以一定不能忽视。平时要多喝水,保证睡眠,多吃水果蔬菜,提高身体免疫力。

麻疹病毒一般指的是荨麻疹病毒,会造成过敏反应。过敏反应会导致休克和呼吸道阻塞,呼吸道不通畅自然会影响到氧气的摄入和血液中氧的含量。胎儿是通过母亲的血液供给营养的,所以势必会影响到胎儿的血液供应。大部分人感染荨麻疹病毒后的症状是很轻微的,不易发觉,只是在后期的检查中可能会发现某种抗体。

主持人:如此多的传染病无时无刻不在侵犯着我们,那么传染病流行的基本环境是什么?

徐主任:首先要有传染源,再通过某种介质,也就是传播途径,例如空气、飞沫、身体接触等进行传播,引起发病。所以我们要避免去有传染源的场所、人群密集的地方,通过勤洗手、多喝水、多睡觉来增强抵抗力。对于孕妈妈来说,睡眠是增强抵抗力最重要的手段。一天最少要保证8个小时的睡眠,如果有条件的话,中午睡1个小时的午觉。多吃高蛋白的食物,规律饮食,避免过度劳累。这样即使接触到一些传染性病原,也会免于发病。

孕期糖尿病的防治

关键词:妊娠期糖尿病、糖尿病合并妊娠、分娩、护理

采访嘉宾:北京市海淀区妇幼保健院产科主任　徐艳

医学硕士,北京市海淀区妇幼保健院妇产科主任医师,担任产科主任多年,负责海淀区妇幼保健院疑难危重病人的会诊、抢救工作。主治高危妊娠、产科合并症。擅长妇女宫颈病变、妇女更年期保健、生殖道感染性疾病的诊治,对妊娠期糖尿病、妊娠高血压综合征的孕期监测管理及胎儿生长受限等病理产科有比较丰富的临床经验,在妇科恶性肿瘤的诊断和治疗方面,积累了一定的临床经验。

　　主持人:徐主任您好! 我们都知道准妈妈每个月都会到医院做一次检查,主要是检查血糖和尿糖。由于怀孕后身体会发生一系列的变化,稍不留意就会得妊娠期糖尿病,会对孕妈妈和胎儿造成很大的危害,最明显的就是会影响到胎儿的智力。所以我们需要了解什么是妊娠期糖尿病,如何进行预防。妊娠期糖尿病与普通的糖尿病有什么区别呢?

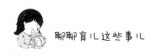

徐主任：妊娠期糖尿病与普通糖尿病是有区别的，属于不同的阶段。平常所说的糖尿病主要症状是"三多一少"，是吃得多、喝得多、尿多，一少就是消瘦。妊娠期糖尿病是妊娠以后，因为我们身体的代谢出现的一系列暂时性的血糖升高，随着妊娠的结束，大部分人会恢复到正常状态。

主持人：妊娠期糖尿病对胎儿会有什么影响呢？

徐主任：胎儿在母体内是需要摄入葡萄糖的，但母亲因为血糖高，会有大量的高浓度的葡萄糖通过胎盘进入胎儿体内，加速胎儿的生长。一是会造成胎儿体积过大，也就是"巨大儿"，从长期来看，会使胎儿产生一些代谢紊乱的疾病，例如高血压、高血脂、高血糖以及心血管疾病。还有一部分妊娠期糖尿病病人会出现血管方面的疾病，使胎儿在宫内发育受限、发育迟缓。重度糖尿病或者是糖尿病合并妊娠的患者，如果胎儿出现了宫内生长受限，比"巨大儿"对胎儿的危害还要大。

主持人：妊娠糖尿病导致胎儿在宫内出现问题的孩子，出生后有什么异常表现吗？

徐主任：相对来说是会有一些生理变化的。首先，这样的孩子在母体内得到了母亲供应的足够的糖，分娩后供应糖的来源中断了，这部分孩子容易出现低血糖症状，严重的会出现智力障碍。当出现低糖性昏迷时，如果不及时救治，会对脑细胞造成一定的影响。

高糖的妈妈分娩的孩子,还会出现肺部表面活性物质延迟,造成呼吸窘迫综合征。因为糖尿病孕妇生产的孩子比正常孕妇生产的孩子肺部表面活性物质的分泌要晚两周,所以孩子更易患呼吸窘迫综合征。

主持人: 孕妈妈如何能发现自己患妊娠期糖尿病?

徐主任: 现在大部分女性都会在孕前到医院做全面的身体检查,其中有一项就是尿常规和生化血糖。通过生化血糖的值可以看出既往有没有患过糖尿病,尿糖里如果有反复的三个加号,我们也会加以关注。到了孕早期,也就是妊娠13周前后到医院建立档案,那时医院会对孕妈妈进行身体各个器官的检查,并会重复生化血糖的检测。大部分的糖尿病是通过体检来发现的,并非只是通过临床的一些症状来判断。

主持人: 妊娠期糖尿病患者如何控制血糖的稳定性呢?

徐主任: 如果诊断为妊娠期糖尿病,医生会建议改善目前的生活方式。有的孕妈妈是怀孕后就不运动了,担心流产。在这儿,我们建议这部分不爱运动的孕妈妈要做一些力所能及的简单的活动,正常的走路散步或者不负重的家务事等都是可以的。在饮食上,要少吃含糖量高的食物,减少糖的摄入。另外就是建议分餐饮食,每顿吃6成饱即可,饿了再吃。分餐是对妊娠糖尿病最重要的一种管理方式。大部分的妊娠糖尿病患者经过科学的饮食管理和运动指

导,都能够把血糖控制在理想的范围内。极少数的患者通过这样的方式仍然没有改善,这就需要进行药物治疗,也就是大家通常了解的胰岛素。

主持人:孕妈妈使用胰岛素时需要注意哪些问题?

徐主任:使用胰岛素,严格来说是要在医院进行观察的。一些与医生配合较好的,或者是对糖尿病方面有初步了解的患者,也可以在门诊进行胰岛素的注射。在治疗之前要严格动态观察患者的生活规律和目前血糖的检测,根据血糖异常的情况(有的是空腹血糖高,有的是餐后血糖高)来选择胰岛素的种类。注射胰岛素之后要密切观察血糖的情况,因为很可能会出现血糖过低的状况,这会比高血糖对胎儿的影响还要大。如果血糖低于3.5,可能会造成胎儿宫内死亡。所以使用胰岛素期间一定要多观测血糖的变化,要随身携带一些小食品,一旦出现头晕、出冷汗等低血糖症状,就要及时补充体内的糖。

主持人:水果中的糖分是很高的,为了避免孕期摄入过多的糖,孕妈妈是不是要控制对水果的摄入呢?在饮食上应该注意哪些?

徐主任:通常状况下,一个家庭里一旦开始孕育新生命的时候,全家都会给孕妈妈准备大量的食物,尤其是水果。其实孕早期不需要太多的能量,妊娠12周左右按医学标准增加的体重是1.5公斤到 2 公斤,而很多孕妈妈在孕早期体重就会增加 10 公斤,这也为将来妊娠期糖尿病的发生埋下隐患。有些被确诊为妊娠期糖尿病的孕妈妈因为害怕血糖无法得到控制就不敢吃水果了,这样也有些极端。其实医生是提倡孕妈妈进食水果的,只是需要控制摄入的量。比如正常的孕妈妈一次可以吃半个或者一个苹果,患妊娠期糖尿病的孕妈妈一次只能吃 1/4 的苹果,也就是一个苹果一天可以分四次来吃。香蕉的热量比较高,妊娠期糖尿病的患者其实也是可以吃的。如果吃了半根香蕉,只需要把主食减掉同样的热量卡就可以了,例如 25 克的米饭相当于几克花生粒,患者可以依据这个热量交换份进行食物的配搭。尤其到了孕晚期,我们要求孕妈妈热量的总摄入在 6 ~ 7 两,假如今天已经吃了 750 克西瓜,那么就需要减掉同样热量的主食。所有的食物都可以吃,只是一天当中摄入的食物都要用热量卡来进行计算,只要总值不超过标准就可以了。

主持人:这个热量卡的标准如何参考?

徐主任:孕妈妈一旦被确诊为妊娠期糖尿病,会被要求到医院的营养门诊就诊。营养师会给出详细的热量卡计算表,指导患者的孕期饮食。或者在网络上也可以查到这样的热量卡计算表,患者可以进行对照饮食。有些妊娠期糖尿病的患者对自己管理得非常严格,对自己每天的饮食都会进行详细的记录,再进行血糖的检测,这样就可以掌握最适合自己的健康安全的饮食方式。

主持人:您前面提到了糖尿病合并妊娠,这与妊娠期糖尿病有

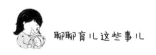

什么区别呢?

徐主任:这是两个概念。妊娠期糖尿病指的是妊娠期发生的糖代谢异常。糖尿病合并妊娠是在怀孕前就已经确诊为糖尿病了,这个检测的难度就很大了。检测的力度以及胰岛素的用量比妊娠以后的糖代谢异常要难控制得多。

主持人:这两种情况的孕妇可以自然分娩吗?

徐主任:这两种情况在分娩上没有变化,但糖尿病合并妊娠的患者可能身体各系统已经存在损伤了,比如肾功能已经不好了,出现蛋白尿了等等。这种情况下选择剖宫产是因为身体系统出现损伤并非因为糖尿病。妊娠期糖尿病患者我们主张自然分娩,因为胎儿通过产道的挤压对孩子肺表面活性物质的形成是有帮助的。但是这部分胎儿比较容易出现的问题是大肚子、肩颈宽,如果分娩时体重大于7斤半,会对分娩造成一定的困难,所以妊娠期糖尿病患者一定要控制好孕期的体重。另外,正常的孕妈妈在自然分娩的情况下,如果超过预产期不临产可以等到41周再进行引产。而妊娠期糖尿病患者,尤其是使用胰岛素的孕妈妈则需要在孕38~39周进行分娩。可以选择顺产,也可以选择剖宫产,根据孕妈妈的身体状况以及宝宝的大小来决定。如果妊娠期糖尿病的妈妈在整个孕期血糖控制得都很理想,可以在接近预产期的时候进行引产来进行自然分娩,不必选择剖宫产。所以说,分娩的方式不是由糖尿病来决定的,而是由胎儿的大小来决定的。

主持人：糖尿病合并妊娠与妊娠期糖尿病的患者生出的宝宝，需要进行特殊护理吗？

徐主任：需要进行特殊护理。这样的宝宝出生后需要到新生儿重症监护室观察。一般来说，进入新生儿重症监护室的婴儿很多是出现缺氧和重度窒息的情况，所以有些家长会不理解，为何她的宝宝看上去健康强壮却要被送入重症监护室。这是因为糖尿病患者生出的孩子血糖是非常不稳定的，在母体内持续高血糖的摄入突然中断，婴儿会出现低血糖的状况，所以需要间断性地对这类婴儿进行血糖监测，根据血糖的值补充葡萄糖水。

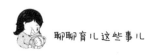

子痫前期的防治

关键词:妊娠高血压综合征、分娩、后遗症

访谈嘉宾:北京大学第三医院妇产科副教授 王永清

医学博士,毕业于中国医科大学。主要从事产科急危重症的救治和各种妊娠合并症的诊治,尤其对妊娠高血压综合征的诊治有丰富的经验。从事子痫前期病因学研究及产科危重医学研究。发表学术论文20余篇,多篇论文被SCI收录。

主持人:王教授您好! 很多女性在怀孕后容易出现蛋白尿和水肿的现象,这在产科学上叫"子痫前期"。绝大多数的女性在经历了子痫前期这种病症的折磨之后,不得不选择剖宫产来结束妊娠。如何避免和应对这种病症呢?

王教授:首先我们需要认识什么是"子痫前期"。"子痫前期"是近10年来出现的比较新的概念,其实在20世纪初就已经发现这个病症了。在20世纪初,研究人员发现有一部分孕妇在妊娠5个月左右会出现高血压、严重的蛋白尿、四肢水肿,有的全身水肿。当时不清楚是什么原因,有的孕妇因此引发严重的并发症和胎儿的死亡。后来在20世纪20年代,英国和美国开始研究,认为是"妊娠中毒症",是怀孕后孕妇受到的一种毒素的作用,这是人类最早对子痫前期的认识。后来随着研究的进展,到了20世纪50年代,苏联对这个疾病做了更深一步的研究,当时认为这属于急性的妊娠中毒征,发病急、病情凶险、后果恶劣。到了20世纪的80年代,我国学者经过研究,发现该病是一种临床综合征,并不是一种病症。这是在妊娠20周以后(4个月—5个月)出现高血压、蛋白尿,有的病人会出现严重的水肿,还有一些身体多脏器的损害(心功能、肝功能、肾功能受损),有个别患者出现胎死宫内。于是我国在20世纪80年代把该病命名为"妊娠高血压综合征"。由于国外把这种病征称为"妊娠期高血压疾病",为了更好地与国际接轨,与多个国家进行学术上的沟通,于是在20世纪初我国正式将该病更改为"妊娠高血压疾病",并在医学教科书上应用。妊娠高血压疾病属于一大类的疾病,不仅仅是一种疾病。大类的疾病包括五种病症:第一种是妊娠高血压综合征,指的是身体正常的女性在妊娠后出现了高血压,但是在整个孕期只是有高血压而已,没有蛋白尿,生产以后血压恢复正常。第二种是慢性高血压合并妊娠,指的是女性怀孕之前就已经有高血压,在整个孕期只有高血压的症状没有蛋白尿,终止妊娠之后依旧会有慢性高血压。第三种是慢性高血压合并子痫前期,指的是在患有慢性高血压的情况下妊娠,并且在妊娠期出现蛋白尿,一旦出现蛋白尿,该疾病的性质就发生了变化。第四种情况是子痫前期,指的是非常健康的女性在妊娠20周以后出现高血压、蛋白尿。第五种情况是子痫,是妊娠高血压综合征里面最严重的一种并发症。病人

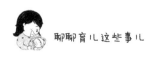

会出现突然抽搐,有的病人会发生心脑血管的意外。在这五种疾病里,子痫前期所有的病因、临床表现、症状和治疗都可以涵盖其他五种疾病,所以我们现在就将子痫前期笼统地概括为妊娠高血压疾病。

主持人：子痫前期的发病率大概是多少?

王教授：发病率比较高,各个国家统计不太一样,大致的发病率是4%到10%。主要在地域上会有些差别,在温暖的地方发病率会低一些,寒冷的地方发病率会高一些。

主持人：子痫前期的病因是什么?

王教授：病因很复杂,目前尚不明确。大家较为信服的有四种学说:第一种是子宫胎盘的缺氧缺血学说。这个学说认为子痫前期的发生是由于在胚胎刚刚植入时的深度不够,面积不够大,这样相对会缺血、缺氧,导致子痫前期的发生。第二种是遗传易感学说。认为子痫前期的发生与遗传有关。第三种是免疫学说。这个学说认为从胚胎刚着床开始就一直遭受母体强烈的排斥。第四种是氧化应激学说。认为是胎盘缺血缺氧,因为氧化不够而过氧化,把一些不该氧化的氧化掉,继而产生一些毒素。这些毒素作用于孕妈妈的血管,最后导致病症。

主持人：子痫前期的症状有哪些?

王教授：子痫前期的主要表现是高血压和蛋白尿。高血压我们自己可以在家中进行监测，而蛋白尿是肉眼无法观测到的。子痫前期根据病情程度的不同会有不同的症状表现。较为严重的子痫前期会出现头痛头晕、胸闷憋气、上腹部疼痛、腹胀、晕厥、视物不清、视网膜剥脱等。目前从临床表现上能看到的只是水肿，其他的症状需要通过仪器来诊断。

主持人：正常的血压值是多少？

王教授：我国对原发性高血压的诊断标准是：动脉收缩压大于等于140毫米汞柱，舒张压大于等于90毫米汞柱，孕妇的测量参考同样的标准。不过在怀孕早期，受到胎盘分泌的雌性激素的影响，会出现一些一过性的血压下降。有的舒张压只能达到50～60毫米汞柱，这不属于异常现象，随着妊娠的继续，血压会逐渐正常。

主持人：子痫前期的患者应该做哪些检查？

王教授：如果在门诊已经发现了子痫前期的两大病症：高血压、阳性蛋白尿，基本可以确诊为子痫前期。之后就需要住院做一系列的检查，主要是血生化的检查，检测是否有溶血性贫血，血小板是否减少；检测肝肾功能是否有损害；留取蛋白尿的定量，检测尿蛋白的程度。此外还有心电图、眼底检查、肝胆脾的B超；最为重要的一项是检查胎儿的宫内状态，主要是做产科超声检查，检查胎儿的

体重是否符合孕周;胎儿的脐动脉供应(脐血值是否增大);羊水是否减少;胎盘厚度是否增加。这些检查的目的是评估母亲和胎儿的状态,由此判断是否要继续妊娠。特别是对于一些孕周较小的(25~28周),如果状态不好建议终止妊娠。该病有一大特点是一旦终止妊娠,孕妈妈的身体状况会马上好转。

主持人:子痫前期的易发人群是哪些?

王教授:第一种是从年龄上最容易患子痫前期的群体是非常年轻的女性(20岁以内)和高龄的女性(40岁以上);第二种是初产妇人群;第三种是患有慢性内科疾病的人群,如慢性高血压、糖尿病、肾炎、甲状腺疾病;第四种是好发于双胎和贫血的人群,这些都是子痫前期的高发人群。

主持人:患子痫前期会有早期的信号吗?

王教授:正常情况下,妊娠前3个月孕妇的体重不会有明显的增加,妊娠20周以后早孕反应消失,体重会增加得较快,每周可以增加400克左右;妊娠28周以后每周增长300克左右。而子痫前期的患者都会出现短期内体重迅速增长的情况,出现脚部水肿。很多孕妇在妊娠期都会有腿脚水肿的症状,但正常情况下经过休息会有所缓解,如果孕妈妈发现水肿不仅没有缓解反而加重了,就需要立即到医院就诊。还有就是胎儿变小,例如临床上发现有的孕妇妊娠29周时胎儿的大小与妊娠25周时相同,说明胎儿的生长已经出现问题了。或者自己感觉随着妊娠的进展腹部变化不明显,这些都是子痫前期的早期信号。

主持人: 子痫前期对孕妇以及胎儿会造成哪些危害?

王教授: 该病对母亲和胎儿的影响很大,尤其是对胎儿的影响,会导致胎儿发育迟缓,胎儿生长受限,渐渐地不符合孕周;会导致胎儿宫内缺氧,长期的慢性宫内缺氧,不仅会使胎儿体重减轻,还会影响脑神经发育;会导致胎死宫内和医源性的早产。

主持人: 如果孕妇在妊娠期出现过子痫前期,以后再次妊娠还会患子痫前期吗?

王教授: 会再次增加患子痫前期的风险,医学上称为"复发性子痫前期"。就是因为该病的病因不明确,并且有一部分是遗传因素,所以有些因为基因导致的子痫前期患者在每一次的妊娠期都可能存在患此病的风险。建议如果第一胎发生过子痫前期的孕妇,在下次妊娠前一定要去医院检查,确定妊娠的最佳时间以及妊娠后要注意的问题。子痫前期并不是不治之症,对于症状较轻的子痫前期,早期发现,早期干预,能够尽量地延长孕周,也许能有一个好的妊娠结局。

主持人: 治愈后的子痫前期会有后遗症吗?

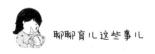
王教授：绝大多数的子痫前期病人愈后都比较好，基本能痊愈。极个别的患者会留下永久的后遗症。比如较严重的子痫前期，血压很高，药物难以控制，出现脑出血，这样的患者产后会出现在脑出血对应的肢体部位的运动障碍、偏瘫的情况。

主持人：子痫前期患者可以自然分娩吗？

王教授：重度的子痫前期不建议自然分娩。但如果患者症状较轻，虽然有蛋白尿但量不大，血压可以通过口服降压药控制，胎儿体积不大，特别是一些经产妇（生产过正常孩子的产妇），这种情况下的产妇在阴道分娩时产程不会太长，可以考虑自然分娩。并非所有患有子痫前期的孕妇都要进行剖宫产。当然有一个前提是要根据胎儿在宫内的状态决定哪种生产方式，如果胎儿宫内生长受限无法存活，在选择剖宫产时就要慎重，因为要为孕妈妈下一次妊娠考虑。所以要综合母亲和胎儿两方面的因素，评估诊断后选择出对母亲损害最小，最大限度保护胎儿的方式。

夏季产后护理

关键词：坐月子、饮食、护理

访谈嘉宾：北京市妇婴乐母婴护理中心主任　何平

主持人：产后坐月子都有哪些传统观念？

何主任：有很多，例如不能吃生冷的食物，包括水果；要绝对地卧床休息；要关闭门窗、要捂被子、不能洗澡、不能开空调、不能着凉、不能看书看电视、不能碰凉水、不能流泪、不能刷牙、不能吃硬的食物；等等。

主持人：刚才您提到的传统观念里有一项是需要捂被子，如果是在炎热的夏天怎么办呢？

何主任：关于月子期间捂被子的问题，一定是分季节的。如果在寒冷的冬天可以，但在夏季一定是不可取的。产妇在月子期间大量地出汗，在医学上称为"褥汗"。"褥汗"的形成是由于孕期大量的

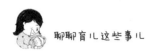

水分储存在体内,经过分娩排泄出一部分,剩下的一部分就会在产褥期通过出汗进行排泄。如果在这个时期还要捂被子,紧闭门窗,不开空调,就会引起中暑。轻微症状是头疼、恶心、乏力等,重的症状就会比较危险了,产妇会出现高热、惊厥、昏迷等现象。

主持人: 夏天坐月子如何保持良好的室温呢?

何主任: 开窗通风是保持良好的室内环境的最佳方式,只要注意风不要对着产妇直接吹就可以,因为产妇在产褥期出汗较多,直接吹风容易导致感冒。如果是三伏天,可以适当地开空调,同样注意风不要对着孩子和产妇吹。每个房间的温度尽量调节一致,室温保持在 28 摄氏度左右,不要有太大的温差。因为产妇除了在卧室里休息,还会在其他房间活动,如果各房间的温差太大也会引起产妇着凉感冒。或者只开启客厅的空调,把其他房间的门打开,让客厅的空气与卧室的空气形成对流。如果因为居住条件无法使用空调,也可以使用电风扇,可以对着墙吹,这样不仅可以起到一定的降温效果,还能保证产妇和孩子不着凉。在空调房间里,建议产妇穿上宽松、透气性好的纯棉质地的长袖衣裤,多准备更换的衣服,勤洗衣物。

主持人: 产妇的饮食有哪些禁忌?

何主任: 饮食一定要清淡,不要太油腻,少量多餐地增加营养。老一辈的很多观念是月子期间不能吃蔬菜和水果的,现在的科学观念不仅允许吃并且要多吃。因为水果蔬菜中含有大量的维生素和微量元素,产妇的身体不仅需要恢复,同时还需要哺乳。例如,香蕉中含有大量的钾,可以帮助心脏收缩;橙子和猕猴桃中含有丰富的维生素 C;樱桃中含有大量的铁;木瓜有通乳和催乳的作用;还有含糖量较低的火龙果等都是对产妇有利的水果。但有些寒性的水果要少吃,尤其是哈密瓜、西瓜、葡萄、梨,多吃会引起脾胃不和、腹泻,不利于产妇的身体恢复。

主持人:产妇需要大量地喝催乳汤吗?

何主任:可以喝,但要分阶段去喝。产后第一周不建议喝太补的汤,例如猪蹄汤、鸡汤,因为此时产妇身体很虚弱,没有什么食欲,以休息为主。可以喝木瓜牛奶羹、红枣桂圆银耳羹、醪糟汤、杂粮粥、面汤、温热的水果汁、菜汁等。如果这个时期就给产妇补充大量的高汤,会引起产妇涨奶甚至是回奶,最终可能导致哺乳失败。

主持人:硬的食物可以吃吗? 会对产妇的牙齿造成伤害吗?

何主任:产妇避免吃硬的食物不是为了避免对牙齿造成伤害,而是为了利于消化。米饭和菜可以做得稍微软一些,少吃死面饼,多吃发面食物。

主持人:很多老人不允许产妇月子期间洗头洗澡,冬天尚且能忍耐一下,可是在夏季怎么办呢?

何主任：首先这种观念是错误的。如果长期不洗头、不洗澡，产妇在产褥期因为大量地出汗身体会有异味，不仅影响到产妇的心情，还会令细菌大量地繁殖。尤其是头皮的毛囊堵塞之后会引起毛囊炎、脂溢性脱发等。所以建议自然分娩的情况下3~5天之内完全可以洗澡，但有一个前提是产妇在整个孕期没有其他的合并症，例如妊娠高血压综合征、产后大出血、心脏病等。剖宫产的产妇可以在产后10天伤口愈合好的情况下洗澡。在这之前如果身体出汗严重，明显感到身体的卫生状况不好，可以进行简单的擦浴。

主持人：产褥期是否不能够过度用眼，例如绝对不能看书、看电视、看手机等等，如果这样产妇几乎没有任何娱乐活动了，在月子期间是否会感到着急呢？

何主任：凡事都不是绝对的，可以用眼，但时间不能太长。尽量不要看电子产品，因为有辐射。产妇可以通过听听音乐，和家人聊天、逗逗孩子等活动放松心情。

主持人：可以刷牙吗？

何主任：可以。因为有一些残留在口腔中的食物会滋生细菌，长期不刷牙会引起牙周炎，牙龈出血，口腔异味，也会影响到食欲，所以一定要刷牙。在选用牙刷时可以选择刷毛柔软的牙刷，在刷牙之前将牙刷在温水中浸泡后再刷，早晚餐后各一次。中间加餐后可以用温水漱口。

主持人：在个人卫生方面,产褥期需要注意哪些问题?

何主任：首先是着装方面。建议产妇在空调房间一定要穿上宽松的透气性好的纯棉质地的长袖衣裤,多准备更换的衣服,勤洗衣物。内衣最好选用纯棉、吸水性强、尺寸合适的哺乳文胸,不能穿过紧的内衣,会影响到乳汁的分泌,还会使乳汁淤积形成乳腺炎。其次是要禁止盆浴,因为生产造成会阴不同程度的损伤,子宫口仍处在扩张的状态,如果坐浴会引起逆行感染,例如盆腔炎、子宫内膜炎、阴道炎等,所以要选择淋浴。除非是特殊情况,比如侧切伤口不好,需要盆浴的,一定要等到 10 天以后。并且坐浴的盆一定要清洁消毒,将臀部完全坐在 1：5000 的高锰酸的温开水中浸泡,对侧切伤口的愈合很有帮助。

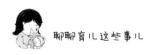
聊聊育儿这些事儿

产后抑郁症的防治

关键词:忧郁症、抑郁症、危害

访谈嘉宾:北京市海淀区妇幼保健院产科主任医师　李智

1989 年毕业于南通医学院医学系。1989～1999 年于徐州医学院附属医院(三甲医院)妇产科工作。1999～2002 年在北京大学医学部攻读临床研究生,获硕士学位。2003 年 9 月以人才引进调入北京市海淀区妇幼保健院。主治高危妊娠、产科合并症。治疗特长:1.产科并发症及高危难产的诊断和处理;2. 子宫内膜异位症、腹痛的鉴别诊断及处理;3. 妇科肿瘤的诊治,及手术的操作细则,并有独特的技巧。

主持人: 有一项数据统计,目前全球的产后抑郁症已经达到了 50%～90% 不同程度的发病率。为什么产后抑郁症有如此高的发病率却没有引起常人的广泛关注呢?

李主任: 产后抑郁症主要是女性产后生理上的因素和心理上的因素以及不能适应产后社会角色的转变导致的紧张、疑虑、内疚、恐惧等一系列表现。这些表现与正常的精神疾病的忧虑症状是相似的,所以发病率比较难以统计。在我国产后抑郁症的发病率从5%到90%以上不等,普遍能达到50%到90%,但目前因为诊断率低,所以相关的报道不多。

主持人:产后忧郁症与产后抑郁症有区别吗?

李主任:这两者有很大的区别,产后忧郁是非病理状态,只是有些焦虑,并且能控制自己的行为。而产后抑郁就比较严重了,是非正常的一种病理状态,是患者无法把握的。如果产后不注意调节心理,忧郁会转化为抑郁,抑郁的程度也会不同。

主持人:我看到过一些报道称有10%的产妇可能会从忧郁转变为抑郁,非常严重的抑郁症可能会变成产后精神错乱,是这样吗?

李主任:从产后忧郁症发展为产后抑郁症,再到严重的精神抑郁症是有一个过程的,情况严重的确会造成严重的后果。所以需要早期鉴别发现,比如早期的忧郁症会出现情绪低落、内疚感、思维缓慢、睡眠质量和食欲差等症状,如果再发展下去出现强烈的自卑感(认为自己是不合格的母亲,不应该生孩子)、妄想、幻听幻觉、轻生的念头等情况,说明产妇的精神已经出现了问题。

主持人:导致产后抑郁症的原因是什么?

李主任：首先从生理角度来看，从怀孕到生产是一个代谢旺盛的阶段。从心理角度来看是一个高兴愉悦的阶段，包括孩子刚出生后的一两天，产妇也会感到幸福、激动。但随着孩子的降生，产妇既会感到幸福也会感到忧虑，面对刚出生的宝宝往往会感到束手无策，并且自己由孕妈妈变成真正的母亲这样的角色转变一时无法接受。同时因为身体内所有的激素（雌激素、孕激素、甲状腺激素、皮脂腺激素、胰岛素等）在生产前处于较高的状态，产后 3 天左右，这些激素开始下降到正常水平，代谢也恢复到了孕前的状态。此时就会产生沉闷和忧郁的情绪，大部分产妇会在产后 6 天 ~6 周期间出现，早一点的在产后 3 天左右开始出现。

主持人：轻度的产后抑郁症一般持续多久？

李主任：轻度的一般不需要治疗，一般通过自身的调理能够自愈。恢复快的一般几天就可以，恢复慢的需要 1~2 个月。只有极少数人需要 1~2 年甚至 4~5 年才能恢复正常。

主持人：产后抑郁症的危害是什么？

李主任：首先是对产妇自身的心理和生理的危害，心理的危害虽然看不到，但可以感受得到，刚才提到的一系列不正常的表现让患者本身觉得非常痛苦。身体的危害也是来自心理方面的影响，例如无法入睡、不思饮食等都会导致身体代谢紊乱，还会导致一些极端行为，如轻生。另外一种是间接或直接对其家人、同事以及医务人员造成的伤害。其次是对孩子造成危害,有生理上直接的影响和长远的影响。产后抑郁症导致无法照顾新生儿,无法给予孩子关爱,孩子因此无法与母亲建立正常的亲子关系。长期发展下去,会对孩子的心理造成不良的影响,可能会导致孩子出现自闭、内向的性格。有研究发现,在母亲患有产后抑郁症的家庭中成长的孩子,其智商、认知能力、思维反应度等要比正常的孩子低。

主持人:如何诊断产后忧郁症?

李主任:产后忧郁症的诊断比较困难,目前较多使用的是自测调查表,产妇可以根据答题的情况和自身的一些症状进行自测。

主持人:对于产后抑郁症的治疗有哪些方法?

李主任:治疗上有很多措施,最主要的还是自我治疗,心理的调节很重要。首先产妇要乐观地接受现实,不要有悲观的思想意识;其次是要保证充足的睡眠,休息是精神恢复最好的恢复精神的方式;最后一点非常重要,也是很多家庭容易忽略的,家庭一定要给予产妇足够的爱和包容,良好的家庭氛围可以使产妇保持愉悦的心情,对治疗和预防都会起到有效的作用。

第二篇　新生儿

如何护理新生儿

关键词:母乳喂养、溢乳、厌奶、脐带、马牙

访谈嘉宾:解放军第 302 医院新生儿科主任 张雪峰

主任医师,医学博士。曾在美国辛辛那提儿童医院 NICU 研修。兼任中华医学会围产医学分会委员,中国医师协会新生儿科医师分会常委,北京新生儿科医师分会副会长,中国妇幼保健协会常务理事兼新生儿保健专委会副主任委员,全军计划生育与优生优育专委会常委,北京医学会儿科学分会、围产学分会常委等学术任职。同时担任国家卫计委新生儿窒息复苏等项目国家级培训专家,《中华围产医学杂志》《中华新生儿科杂志》《发育医学杂志》等杂志编委。

主持人: 现在很多年轻父母基本都是独生子女,对养育孩子没什么经验,对老人的一些方法又觉得太老套,尤其是面对新生儿有些手足无措。请张主任给我们谈谈新生儿的哪些问题需要父母注意呢?

张主任: 首先是喂养,如果是母乳则按需哺乳;人工喂养时要

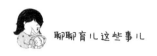
对宝宝的食具进行清洁消毒,喂奶结束后,抱起宝宝轻拍背部排出奶嗝,驱除胃内空气;宝宝睡觉时请将头偏向一侧,避免溢奶后窒息。其次是注意保暖,根据天气及时增减衣服。宝宝的衣物应选纯棉制品,衣服购买后要清洗晾晒后再穿;居室内注意通风,每天2次,每次20分钟为宜,保持室内空气新鲜。一般来说,新生儿正常体温为36℃~37.2℃,低于35.5℃或高于37.2℃者均为异常,注意不要给宝宝穿过多的衣物,以防止热量的散发引起体温升高。最后是保持宝宝皮肤清洁,每天应保证给婴儿洗浴1次,洗浴时室内的温度应在26℃~28℃,水温在40℃~43℃,给婴儿洗浴时动作应迅速,以免婴儿受凉。脐带还未脱落的情况下,沐浴后用安尔碘或75%的酒精给脐带及脐根部充分消毒,消毒后自然晾干,保持脐部清洁干燥,保持臀部清洁。

主持人:脐带护理与臀部护理是很多新妈妈关心的问题,应该怎样进行护理呢?

张主任:每日观察脐带有无异常分泌物、出血、红肿及臭味等。若脐带有异常分泌物或臭味,且脐周红肿,宝宝有发热的现象时,可能是脐带发炎,应该带宝宝到儿科门诊就诊。

脐带护理方法:沐浴后以棉签蘸75%酒精,环形擦拭脐带根部(特别是褶皱处),仔细清洁至干净为止。脐带掉了之后,可能有微量分泌物或渗血,仍应持续护理,直到脐带完全干燥为止。脐带护理需要注意两点问题:一是脐带脱落的时间,每个宝宝脐带脱落的时间并不相同,通常为7~10天,有的可延长至15天左右;二是脐带护理的时间,每天沐浴后给予脐带护理,若脐带较潮湿或分泌物较多,可以做多次脐带护理。宝宝的臀部护理一定要注意,大小便浸湿的尿布未及时更换,或婴儿皮肤对尿布及清洁用品残留物过敏,会导致宝宝出现红臀或尿布性皮炎,表现为尿布接触的皮肤部位起红疹,继而出现疱疹、糜烂。预防方法是选用细软的旧布做尿布,不要用塑料布及橡皮垫,勤换尿布,大小便后用温水洗臀部,发病后涂抹护臀霜或儿肤康。

主持人:疫苗接种需要注意哪些事项?

张主任:按时到当地防疫部门进行预防接种,出院时应详细询问产科是否接种乙肝疫苗及接种时间,以便注射第二针、第三针。另外,出生后的婴儿要及时添加维生素 D,一般足月儿出生后半月开始添加维生素 D,应在医师指导下决定是否补充钙剂。

主持人:对于新生儿来说,家里温度、湿度的控制应该很重要吧?

张主任:是的。一般来说,居室温度冬季应在 22℃～24℃,夏季在 26℃～28℃,保证昼夜温差不要过大。湿度应保持在 55%～65%。宝宝的头部与身体相比,比例较大,大量的热由头部散出,所以给宝宝戴帽子有利于减少头部的散热,保持体温恒定。不必给宝宝穿很多的衣服和盖厚被,触摸宝宝的手脚时感觉温暖即可。

主持人：现在越来越多的母亲开始重视母乳喂养了，但也有一些母亲会担心母乳营养不够，觉得人工喂养的宝宝长得更胖，是这样吗？

张主任：婴幼儿期的营养对成长过程的健康与发育有着决定性的影响，母乳是人类最完美的食物，可以完全满足4~6个月宝宝的营养需求。母乳喂养对宝宝的好处：第一，母乳容易消化，婴儿较少有肠胀气或胃肠部不适的情况；第二，母乳喂养的婴儿不易发生营养不良或营养过剩的情形；第三，吸吮母乳可以增加口腔运动，使婴儿牙龈强壮及脸形完美，且可增强耐心；第四，母乳能满足吸吮的要求，促进心理平衡；第五，能促进大脑发育，母乳中比例完美的脂肪酸，有益于宝宝脑神经系统发育；第六，在母亲怀抱中，可得到温暖与满足，奠定宝宝发展爱和信任感的良好基础。

以上是母乳喂养对宝宝的好处，那么母乳喂养对母亲的好处有以下几点：

第一，能促进产后的恢复，刺激子宫收缩、减少出血及盆腔充血等。第二，母亲喂奶每天消耗热量100~1000卡，对保持身材有帮助。根据研究统计，喂母乳的母亲罹患乳腺癌和卵巢癌的比例较低。第三，省时方便，不需要任何准备，可避免给奶瓶消毒的麻烦及外出时携带奶瓶、奶粉等的不方便。经济又实惠，可以节省家庭开支。

主持人：新生儿什么时候开始进行母乳喂养？母乳喂养的时间如何把握呢？

张主任：宝宝出生后20~30分钟内吸吮反射特别强，所以尽可能在宝宝出生后就开始进行喂养，平均一天喂养母乳8~12次。产后初期，泌乳反射在饭后4~5分钟开始，随着宝宝吸吮次数的增加，泌乳反射的反应时间会越来越短。初期让宝宝一次喝两侧乳房，至少20分钟，等宝宝自己松口后再换另一边，以确保喝到后奶。急着换另一侧哺乳的话，宝宝喝不到后奶，不易有饱足感。当然，每位宝宝的表现不同，有的吃得较快，需5~20分钟，有的吃得较慢，需30~40分钟。

主持人：正确的哺乳姿势是怎样的？

张主任：首先让妈妈有一个舒服的姿势，或躺或坐，如坐在舒服的椅子上，最好有扶手，背后可放靠垫，有高矮适中的放脚处等。然后妈妈将宝宝抱在胸前，使宝宝的胸腹部贴着乳房的下面。宝宝的脸面对乳房，嘴巴对准奶头。可用C形握法把乳房稍微往后压，让婴儿容易吸到乳头，下次喂奶由对侧开始。

主持人：妈妈如何判断宝宝喝奶的姿势是正确的？怎样知道宝宝是不是吃饱了？

张主任：宝宝在喝奶时是面向着妈妈，即宝宝与妈妈的腹部紧贴。宝宝张大嘴，含住妈妈的乳晕。母亲在哺乳时可看到宝宝慢且深的吸吮，奶量充足时，哺乳过程可听到吞咽声。喂哺完后，宝宝会

显得放松而满足。宝宝吃饱后,表情愉悦、满足,并且每天排尿至少6~8次,排便2~5次。家长给宝宝每1~2周测体重一次,前3个月每天增加20g,3~6个月每天增加15g,6个月后体重增加缓慢。如果宝宝摄入的奶水量不够也会有一些表现,比如体重增加缓慢;尿量少(一天少于6次,尿深黄色且气味重);吃完母乳后不满足;经常哭闹;经常频繁地吃奶;吃母乳时间持续非常长;拒绝吃母乳;大便量少、变硬、干而绿;当母亲挤奶时,没有奶水流出。

主持人:母乳喂养的婴儿需要喂水吗?

张主任:纯母乳喂养的宝宝有的是不接受水的,并且用奶瓶喂水还会使孩子产生奶头错觉,尤其是新生儿期,容易导致拒绝母乳。如果在炎热的季节想给孩子补充一些水,可以用勺子喂一点儿水,不要用奶瓶。如果是吃配方奶粉的宝宝,我们建议每天加一些适量的水。

主持人:宝宝喂养中的常见问题有哪些?

张主任:首先是奶量,初生婴儿的吃奶量没有一定的量,是每公斤每天150±30ml,例如4公斤的小孩,每天吃奶量为600±120ml。然而,每个宝宝的体质和需求各有不同。其次是溢奶和吐奶的问题,婴儿很容易出现溢奶和吐奶的情形,如果发生次数不多,宝宝的体重也能稳定增长,爸爸妈妈就不用太担心。舒缓溢奶或吐奶的方法,是让宝宝喝奶的速度慢一点,并且在宝宝喝完奶、帮助宝宝打嗝后,才能将宝宝放回床上,取右侧卧位并将头垫高 15～30 度,以避免因溢奶或吐奶而造成危险。随着宝宝的成长,吐奶的情形会逐渐改善。如果宝宝一下子吐出大量奶汁,可能会反流至气管,所以要立刻将宝宝的头偏向一旁并拍背,千万不可让宝宝的头部上仰! 宝宝在吃奶之后,特别容易打嗝。持续且严重地打嗝,会导致宝宝溢奶或吐奶,舒缓的方式是给宝宝吸奶嘴或喝点水。如果吐奶次数很频繁,剧烈呕吐或胃内容物混有胆汁、血液、粪便并伴有异常哭闹、拒奶、睡眠不安、腹泻、发热、便秘等应立即到医院就诊。

主持人: 宝宝厌奶怎么办?

张主任: 宝宝在出生后 3～4 个月,是成长最快的时期。由于生长需要,吃奶量会增加得很快,过了这段时期,不再需要那么多的生长热量,有些宝宝便开始厌奶,尤其在夏天更是如此。此时可以添加一些辅食,让婴儿除了奶以外,还可以接触到其他食物,多一点选择。爸爸妈妈必须认识到,4 个月后婴儿的生长速度会减缓下来,这是自然现象,而并非奶量减少导致,只要孩子的活力与生长情况正常就没有关系。至于宝宝生长情况是否正常,可以参考儿童健康手册上的生长曲线图。

主持人: 新生儿如何进行洗浴? 需要注意哪些问题?

张主任: 首先是用物准备:洗澡池、洗澡小毛巾、干净衣服及包布(衣物可先套在一起)、尿布、婴儿肥皂或沐浴乳、75% 酒精或安尔

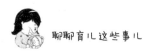

碘及棉签、浴巾。

洗澡方法：适合的室温：26℃~28℃，并关闭门窗，适合的水温，先放冷水再放热水，兑至水温37.7℃~40.5℃，调好后可用手腕试水温。洗澡的顺序：眼睛（眼内角擦向眼外角）、鼻孔、耳朵、脸部、头部。清洗脸部时，以蘸湿的小毛巾轻轻擦拭眼睛，记得每擦一次，小毛巾都要换一个角落，避免污染。清洗头部时，先用拇指和食指向前轻压，避免水流进耳朵内，用沐浴乳或肥皂清洗头发。洗完头部后，记得先将头发擦干，以免着凉。清洗前身：脱掉宝宝衣服后将婴儿放在盆内，用手托住婴儿左手臂及颈部。顺序：头、胸、腋下、手、腹部、腿、脚、生殖器。应特别注意颈部、腋下及腹股沟等褶皱处，并观察是否有红疹或脓疱。

清洁背面：姿势：以右手托住婴儿左手及颈部，轻巧而稳定地将宝宝的重心转移至右手，让宝宝脸朝下。顺序：后颈、背部、臀部、腿部。全部洗好后，抱起宝宝，用浴巾擦干全身，将尿布垫于臀部，粘好尿布，再穿上已套好的衣服。替宝宝洗澡时间不要太久，洗澡的过程要注意保暖。脐带护理的时间：每天沐浴后给予脐带护理，若脐带较潮湿或分泌物较多，可以做多次脐带护理。

主持人：新生儿还有哪些特殊的生理状态需要我们注意？

张主任：第一，说一下生理性体重下降，这是新生儿普遍存在的现象。新生儿出生后由于摄入食物少，水分丢失多而出现生后体重逐渐下降的现象，到第3~4天体重为出生时的6%~9%，7~10天恢复到出生体重，体重下降10%者多为异常。

第二，口腔上皮珠，指新生儿上腭中线两侧及齿龈上常有微凸的淡黄色点状物，俗称"马牙"。这是正常上皮细胞的堆积或黏液腺囊肿所致，对吸乳及日后出牙无碍，数周后自然消退，勿擦拭或挑破，以免感染。

第三，乳房肿大及泌乳，这个现象男、女新生儿都可发生，在3～6天出现乳腺肿大，并有黄色液体分泌，这是出生前母体雌激素的影响以及出生后这一影响中断所致。乳房肿大于8～10天达高峰，2～3周后逐渐消失，切勿挤压乳房，以免发生乳腺感染。早产儿和黄疸明显者多无此现象。

第四，阴道出血及分泌物，女婴于出生后数天内阴道有黏液分泌。少数女婴于出生后5～7天可见阴道内有血样分泌物，系由于胎儿阴道上皮及子宫内膜受母体激素影响，出生后母体雌激素影响中断，造成类似于月经的出血，又称假月经，白色分泌物称假白带，不必处理，数天即愈。

第五，粟粒疹，皮下点状的白点，在1～2周内可在鼻尖、颌处看到。这些是皮脂腺未成熟，而使得皮脂凝集在皮脂腺内阻塞所致，2周内可消失。

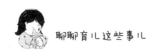

聊聊育儿这些事儿

应对新生儿黄疸

关键词：黄疸、高胆红素血症

访谈嘉宾：解放军第 302 医院新生儿科主任　张雪峰

毕业于北京医科大学，获儿科临床医学博士学位，兼任中国医师协会新生儿专业委员会常委、中国妇幼保健协会新生儿保健专业专家委员会专家，北京医学会儿科学分会常委。从事儿科工作 20 余年，具有丰富的临床经验，曾先后在北京儿童医院、北京大学妇儿医院、美国辛辛那提儿童医院等国内外著名儿童医院研修，近 10 年来主要从事新生儿疾病及儿童保健的医教研工作。

主持人：什么是黄疸？

张主任：黄疸，也叫黄染，主要是因为血液当中胆红素异常增高，使皮肤发黄的现象。如果是成年人出现黄疸，一定是病理的状态。但如果是新生儿则是非常普遍和常见的症状。尤其是足月的婴儿，一半以上都要经历出现黄疸的过程，早产儿会有 80% 经历出现黄疸的过程。

主持人：新生儿为何会出现黄疸？

张主任：在自然光线下，新生儿皮肤黏膜出现黄染称为新生儿黄疸。大多数新生儿在生后 2～3 天都会出现皮肤黏膜轻度黄染，4～6 天稍微加重，以后开始减轻。足月儿出生后 14 天消退，早产儿生后 3～4 周消退，黄疸期间宝宝的精神、食欲均和平时一样正常，称为新生儿生理性黄疸。这与胆红素的来源有关，胆红素主要来源于红细胞，80% 是通过红血球衰老代谢后里面的血红蛋白经过一系列的代谢产生的胆红素。新生儿出生前在宫内因为生理现象红细胞数量非常高，出生后不需要大量的红细胞，逐渐呈现为破坏的过程，胆红素就增多了，新生儿期各个器官不成熟导致代谢和排泄能力低下，所以在血液当中有暂时的升高阶段，于是造成了黄疸。

主持人：这些属于正常的黄疸，异常情况是什么？

张主任：如果黄疸 24 小时内出现，程度过重，或消退时间过迟，超过生理性范围亦被称为新生儿高胆红素血症。其原因比较复杂，例如新生儿溶血病，严重感染，新生儿肝脏功能受损，缺氧窒息，肝管、胆管排泄障碍、闭锁，先天性、遗传代谢性疾病等。

主持人：新生儿高胆红素血症有什么危害？

张主任：对于身体各个器官都尚未成熟的新生儿来说，如果胆

红素异常增高，并且高到一定的程度，胆红素的分子就会透过血、脑屏障，进入脑组织脑细胞当中，对脑细胞造成损害，进而会有胆红素脑病的发生会危及生命或留有严重后遗症。如果发生溶血病等，感染、胆道闭锁等，都需要入院进行积极治疗。

主持人：胆红素脑病有什么样的表现？

张主任：会经历几个不同病期，早期的表现是：对外界的反应差，正常的新生儿表现为能吃能哭，患胆红素脑病的孩子则会表现为打蔫儿和拒奶。很快就进入急性期，出现惊厥、抽风、痉挛，甚至高热等异常表现。最后进入恢复期，孩子恢复吸吮力、痉挛逐渐减轻、消失，对外界的反应逐渐恢复。这种情况持续到1岁左右就会有一些后遗症的表现，类似于"脑瘫"，比如路走不稳、手指不灵活等运动功能障碍，还有智力低下、听力障碍甚至耳聋，这也是胆红素脑病引起的常见的一些损伤。因为该病症首先侵犯的就是听力。

主持人：家长如何判断新生儿黄疸的轻重程度？

张主任：其实肉眼是可以看出轻重的，比如新生儿黄疸颜色非常重，像金娃娃一样。但因为有的产妇坐月子期间喜欢关闭门窗，室内光线很暗，往往观察不到孩子皮肤的异常。这里有几个判断方法：首先，可以根据黄疸发展的位置来判断。黄疸一般是先从面部开始逐渐发展到躯干，从四肢的近端逐渐到四肢的远端。所以，如果新生儿出现颜面、躯干、四肢皮肤明显黄染时应及时到医院就诊。

其次,新生儿期因为红细胞数量较多,所以皮肤会比正常成人要红,容易掩盖黄疸。所以我们可以用指压法来判断有无黄疸,用手按压孩子的两眉之间,或者面部和前胸,再与正常成人的皮肤进行对比,就可以看出孩子黄疸的轻重程度。

主持人:引起高胆红素血症的原因是什么?

张主任:原因很多,来源最多的疾病是溶血病。还有就是围产因素,和新生儿出生早期的一些原因。围产因素包括孕妇妊娠高血压综合征、缺氧、心脏病、肾脏疾病、糖尿病,出生时孩子缺氧、窒息,妊娠期服用的某些药物等都会影响到孩子的胆红素代谢。

主持人:有些吃母乳的孩子也会出现黄疸,是否需要暂停母乳喂养呢?

张主任: 纯母乳喂养的足月儿出生后 14 天仍有皮肤、黏膜黄染,除上述原因外,应考虑晚发型母乳性黄疸。多发生在充足的母乳喂养之后,生后 2 ~ 3 周,胆红素浓度下降较慢,于生理性黄疸之后胆红素浓度达到第二个高峰。大约 2/3 母乳喂养的婴儿胆红素水平持续升高至第 3 周,可能持续数周至 2 个月,无任何临床症状,生长发育良好。黄疸程度以轻度至中度为主,血清胆红素主要为未结合型,肝功能正常,无贫血,无其他病理因素,暂停母乳黄疸即可明显减轻,一般不需特殊治疗,黄疸可渐减退。是否暂停母乳 3 天仍有争议。一般胆红素超过 342mol/L(20mg/dl),或 28d 后仍大于

256mol/L(15mg/dl)时可暂停母乳3天代以配方奶,胆红素可下降约50%,绝大多数有效。以后再喂母乳,胆红素浓度仅轻度升高,不会达到原有水平,可自然消退。如因某些原因不能暂停母乳或停母乳后胆红素浓度下降不理想,则可应用短期光疗使黄疸消退。

主持人:光照疗法是将孩子放入蓝光箱中照射,这样的治疗安全吗?

张主任:首先光照疗法就是通过光的照射起到治疗的作用。这是根据胆红素分子的特性,吸收了适当波长的光,更利于胆红素分子代谢和排泄。胆红素最适合的波长是蓝光,对于治疗轻度到重度的高胆红素血症患儿,需要照射蓝光8~12个小时。医院里一般使用的是双面蓝光箱,上下各有一排灯管。婴儿裸露身体躺在箱内一块透明的有机玻璃板上,因为光照是需要通过照射孩子的皮肤发挥作用。但由于光线较强会对眼睛造成伤害,所以需要使用专用眼罩遮盖住婴儿眼部。另外,由于一些早期的文献提到蓝光会对婴儿的生殖器、生殖腺造成影响,所以也需要给接受治疗的婴儿穿上纸尿裤进行保护。

小婴儿发热怎么办

关键词：发热、细菌感染、病毒感染、中耳炎、脑膜炎、物理降温

访谈嘉宾：中国人民解放军 302 医院儿科中心主任 张雪峰

毕业于北京医科大学，获儿科临床医学博士学位，兼任中国医师协会新生儿专业委员会常委、中国妇幼保健协会新生儿保健专业专家委员会专家，北京医学会儿科学分会常委。从事儿科工作 20 余年，具有丰富的临床经验，曾先后在北京儿童医院、北京大学妇儿医院、美国辛辛那提儿童医院等国内外著名儿童医院研修，近 10 年来主要从事新生儿疾病及儿童保健的医教研工作。

主持人：张主任您好！我们发现每当季节交替的时候，很多小宝宝都会出现发热、流鼻涕、咳嗽等一系列感冒症状。此时，家长就会有很多的困惑，不知道是否该给这么小的孩子用药，是否需要到医院就诊，所以家长们需要了解一些基本的知识来应对。请您简单与我们谈谈人体体温达到多少摄氏度才能算是发热呢？

张主任：首先从医学理论上说，发热指的是高于人体基础体温

1 摄氏度以上。鉴别人体最科学的基础体温是通过肛温,正常的婴幼儿肛温是 36.5～37.5 摄氏度。但在临床上很少用肛温来监测体温,一般都是用腋温来判断是否发热。一般情况下,37 摄氏度以上的腋温会被视为发热。

主持人:为什么婴幼儿容易发热?

张主任:有几个原因。第一个原因是 6 个月以上的婴儿,因为逐渐失去了来自母体的抗体,而自身的免疫功能尚未完善,要到 2 岁才能逐渐建立起来,所以 6 个月～2 岁期间的婴幼儿经常会出现发热等感冒症状。第二个原因是婴幼儿阶段对体温的调节功能不成熟,所以有任何诱因都会引起发热。这是与孩子自身的生理特点有关的。

主持人:测体温的方式有很多,除了您刚才提到的肛温和腋温,还有哪些呢?

张主任:有口温、额温等,当然最准确的应该还是腋温。因为口温测量需要在口腔中放置体温表,每次使用都要反复消毒不是很方便,额温的准确度相对要低一些。

主持人:2～3 岁之前不同月龄的婴幼儿发热是由什么原因引起的?

　　张主任：的确，这个年龄段的婴幼儿几乎都有过不同程度的发热经历，而且每个阶段的发热情况也不相同，需要让家长多了解一些相关的知识。先说说新生儿期的发热，由于新生儿体温调节的特点很少出现发热的症状，可是一旦新生儿期出现了发热，排除环境、温度的因素，一定要到医院就诊。因为，在新生儿期如果体温超过了38.5摄氏度，往往预示着可能有较为严重的细菌感染。比如新生儿脐炎，是由于对脐带的护理不当造成的；肺炎，包括早期的宫内感染肺炎，或者是因为在探视过程中带入的外界传染性病原；新生儿腹泻、脑膜炎，尤其是败血症脑膜炎，在新生儿期表现症状不典型，只是温度高、吃奶不好、精神不好，而这些表现又往往不易被识别。所以在新生儿期超过38.5摄氏度的发热一定要尽快到专业的大医院就诊，以免耽误病情。第二个阶段是1~3个月的小婴儿，这个阶段的发热也不是特别多见。所以在这个月龄的孩子如果出现发热，一定要观察有没有伴随症状，比如咳嗽、腹泻等。这个月龄段最需要提醒家长注意的是中耳炎，早期的表现也只是发热，因为月龄太小，所以抓耳的一些动作不会表现出来，症状不典型。所以对于3个月以内的孩子发热一定要给予高度的重视，及时到正规的大医院就诊，以免误诊耽误治疗。6个月~2岁的孩子发热最常见的是呼吸道的病毒感染，当然许多病症也与季节有关，比如冬季呼吸道感染较多，夏季是肠道感染较多。再就是传染病引起的发热，比如水痘、麻疹等，虽然随着疫苗的接种，这种病症的发生率越来越低。但疫苗也未必能百分之百起作用，加上流动人口很多并没有全程接种疫苗，所以还是会有感染的风险。还有就是幼儿急疹引起的发热，其实也是病毒感染的一种，表现症状是发热，烧退疹出是这个病症最

典型的特征。引起婴幼儿发热还有一个原因是泌尿系统的感染，这是由婴幼儿生理结构决定的。而且小婴儿的泌尿系统感染症状不典型，不像大一些的孩子或者成人表现出尿急、尿频、尿痛的症状，很多只表现为不明原因的发热。所以家长在不清楚孩子发热原因的情况下，排除腹泻、咳嗽等明显的症状，可以给孩子留一些尿样送到医院进行尿常规的检测。最严重的情况是细菌感染后引起的败血症和脑膜炎，如果孩子出现高热并伴有精神萎靡或者异常兴奋，一定要引起高度关注，立刻到医院就诊。脑膜炎的早期治疗效果非常好，当孩子出现抽风的症状时再进行治疗可能就会留下后遗症。

主持人：发高烧多见于夜间，如果大半夜孩子高热了，是否也需要及时到医院呢？

张主任：3个月以下的婴儿是需要的。但6个月~2岁以上的婴幼儿家长可以根据孩子的伴随症状处理。如果孩子白天精神状态良好、食欲正常，可以暂时在家中反复测试体温和进行物理降温，等到天亮时再去医院就诊。

主持人：发热有时会引起高热惊厥，出现这种情况会对孩子造成哪些影响？

张主任：高热惊厥俗话称为"抽风"，发生的原因有很多。婴幼儿比较多见是因为神经系统发育不完善，对于外来的各种不利因素抵抗力很差，所以一旦出现高热就容易出现抽搐的现象。对于出现抽搐现象的孩子要及时到医院就诊,因为高热惊厥可能是普通的情况,也可能是脑膜炎或者其他颅脑的疾病引起。需要提醒家长的是,因为发热引起高热惊厥的孩子以后发热可能还会出现该症状,并且这类孩子中有一部分会发展为癫痫。所以出现过高热惊厥的孩子,家中常备体温表,如果感觉孩子有些发热了就要及时进行物理降温,控制好孩子的体温。一般情况,高热惊厥都发生在 38.5 摄氏度以上,38 摄氏度以下出现的属于复杂性高热惊厥,将来很容易发展为癫痫。因为每一次抽搐都是缺氧的过程,而且这个过程越长、越频繁对脑细胞的损伤越明显。

主持人:在家庭中如何进行物理降温?

张主任:物理降温是对婴幼儿发热最好的一种护理方法,但要注意方式方法。比如有些家长直接用酒精或者高度白酒擦拭孩子身体,或者把孩子泡在凉水里,这些都是不规范的。看似简单的物理降温还是需要规范的方法,最简单的是用冰袋敷孩子的额头或者颈部。其次是用温水擦浴孩子的身体部位,需要注意环境温度。尤其在寒冷的季节要适当调高室温,保证室内温度处于恒温状态。主要擦拭的部位是大动脉的地方,比如腋下、脖子、腹股沟等皮肤褶皱的位置。大一些的孩子可以用洗浴,需要注意的是温水擦拭或者洗浴后的孩子一定不要着凉,可以用浴巾进行简单包裹。还有一种方法就是酒精擦浴,从理论上说酒精擦浴肯定比温水擦浴降温要好,但要求酒精浓度不能太高,在 30 度到 35 度之间。酒精擦浴身体时前胸不擦,尤其左前胸心脏的位置,刺激以后会引起心动过速。所

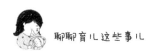

以一般情况下,在家庭物理降温的几种方法里不推荐酒精擦浴。特别要强调的是,孩子在发热时一定不能捂汗,这种方式是毫无科学依据的。

主持人:降温了是否意味着病情稳定了呢?

张主任:首先,发热是人体的免疫功能与细菌或者病毒斗争的反应,这是一种正常的过程。发热对人体是没有危害的,而是引起发热的疾病对人体有危害,除非体温达到了 41 摄氏度,可能会对人体的器官和细胞造成影响。由于人体的体温在一天当中每个阶段都会有变化,所以即使我们通过物理降温暂时控制住发热的孩子的体温,也不代表下一个阶段的体温不会再次升高。所以需要我们密切观察孩子的身体情况,包括饮食的情况、睡眠的情况、精神反应的情况。如果体温控制正常 2~3 天,那基本就没有太大的问题了。

主持人:对于出现反复发热的情况该如何处理呢? 可以自行用药吗?

张主任:反复发热对小婴儿来说非常常见,主要是呼吸道感染和流感病毒的感染。需要服用退烧药一般是有几种情况:第一个是曾经有高热惊厥史,如果发热在用退热药的时候可以积极一些。第二个是体温达到 38.5 摄氏度以上,经过物理降温不见效,原则上是 6 个月以上的婴幼儿可以服用,6 个月以下的少用,3 个月以内的不用。退烧药需要间隔 4~6 小时服用,因为退烧药的药效基本是这个时间,所以 4~6 小时之后体温会再次升高,如此反复。在使用药物退烧的同时一定要坚持物理降温,并且物理降温要认真反复地进行。一般的病毒性感冒基本 3 天就会退烧,极个别持续 4~5 天。如果孩子的发热情况一天比一天严重,并且超过 3 天仍旧不退烧,从热源上可以判断出一定不是普通的感冒,对于这样反复高热的孩子需要到医院就诊。

主持人: 退热药如何选择和使用呢?

张主任: 最常用的有两种,布洛芬和扑热息痛,从退热效果来看布洛芬要更好一些。另外,不同的药品会做成不同的剂型,有口服液、滴剂、片剂、栓剂等等。从选择上没有太大的差别,可以根据不同孩子对退热药的敏感度来决定。一定要注意的是上面提到的 6 个月以下的孩子少用,3 个月以内的尽可能不用。

主持人: 孩子发热后如何饮食?

张主任: 饮食一定要清淡,易消化,多吃蔬菜水果,多喝水。因为蔬菜水果中的 VC 含量多,VC 本身就有抗病毒的作用。少吃油腻的食物,有些家长在孩子发热生病后担心营养不够,给孩子进补,可能会导致孩子出现腹泻、呕吐的情况。如果孩子生病期间出汗较多,可以多摄取一些盐分,比如食用一些咸粥、菜粥、面片儿汤等。

第三篇 幼婴儿

儿童呼吸道感染的防治

关键词：上呼吸道感染、病毒、细菌、支原体、呼吸道过敏性疾病、预防、治疗

访谈嘉宾：北京美中宜和妇儿医院儿科医生　郑杨

儿科从业近十年，擅长新生儿感染性疾病的预防与治疗，早产儿相关疾病防治，儿童常见呼吸道、肠道感染等疾病的预防与治疗以及儿童健康保健。多次开办健康讲座，并受邀参加《优早早教》《超妈学院》《医学微视》等节目的录制。

主持人：春季为何是感冒的高发季节？

郑医生：春季逐渐开始变暖，但是温差较大，穿衣服时不注意就会引起受凉等问题，导致呼吸道感染。

主持人：呼吸道感染是感冒的医学名词吗？两者是同一病症吗？

郑医生：这两者是一个病症，但是上呼吸道感染包括的内容要

更广泛一些,比如扁桃体炎、咽喉炎等都属于上呼吸道感染。

主持人: 呼吸道感染的好发年龄是什么时期?

郑医生: 一般来说是 6 个月至学龄前。因为这个阶段的孩子免疫系统发育不完善,并且接触外界环境比较多,所以很容易发生呼吸道感染。特别是在 3 岁左右刚上幼儿园的时候,发生的频率就更高了。

主持人: 孩子呼吸系统发育的特点是什么? 有哪些常见症状? 在一年中为何会反复出现呼吸道感染?

郑医生: 儿童呼吸道黏膜柔嫩,血管丰富,黏液分泌不足,纤毛运动差,各种免疫球蛋白含量下降,进而导致感染向附近的组织细胞及向下呼吸道延展。

常见症状有打喷嚏、鼻塞、流涕、咽痛、咳嗽等。

首先我们要知道什么是反复呼吸道感染。2 岁以下儿童一年内上呼吸道感染 7 次,气管炎 3 次,肺炎 2 次;2 ~ 5 岁一年内上呼吸道感染 6 次,气管炎 2 次,肺炎 2 次;大于 5 岁的儿童一年内上呼吸道感染 5 次,气管炎 2 次,肺炎 2 次。如果有这些情况,就属于反复的呼吸道感染了。出现这种情况与小朋友的呼吸道发育有关系,另外和家长护理不当也有关系。

主持人: 如果孩子出现了腹泻、呕吐的情况,医生可能会诊断为胃肠型感冒,这是怎么回事?

郑医生: 有一些感染的症状表现为呕吐、腹泻等,不表现出来流涕、咳嗽等呼吸道症状,所以被称为胃肠型感冒。但是在这之前首先要排除胃肠道疾病,比如肠炎等。

主持人: 家长如何区分病毒性感冒和细菌性感冒?

郑医生: 90% 以上的感冒都是由病毒感染导致的,一般是根据症状、病原体检测、血常规等检查明确是哪种病原体感染。因为有时候不一定能检测出来,所以医生还会根据流行病来判断是哪种病原体感染。

主持人: 家长如何判断孩子病情?

郑医生: 一般来说,孩子精神状况比较好、食欲不受影响的时候,家长们可以不用着急马上去医院,但如果出现了这些情况就要马上到医院就诊。

主持人: 家长在家中如何进行护理?

郑医生: 一般来说,体温在 38.5 摄氏度以下的时候我们可以选择物理降温,用温水擦脖子、腋下、腹股沟等位置就可以,体温在 38.5 摄氏度以上精神状态不好的时候要口服退热药。另外要给孩

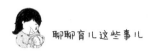

子多喝温水,帮助排泄。

主持人:在儿童退热药物的选择上,对家长有何建议?

郑医生:一般我们常用的是乙酰氨基酚和布洛芬这两种退热药,每种退热药一般在 24 小时内都不能使用超过 4 次。如果一种退热药就能解决体温的问题,就不建议使用两种退热药,但如果烧得较频繁,我们可以采取两种退热药交替使用的办法。

主持人:如何预防呼吸道感染?

郑医生:第一点就是要有良好的生活习惯,要勤洗手,家里定时开窗通风;第二点,饮食要均衡,不能只吃肉等,不要吃生冷的食物;第三点,要做适当的户外活动,多运动;第四点,要避免交叉感染,注意不要到人员密集空气不流通的地方。

主持人:还有一种呼吸道过敏性疾病,与普通的呼吸道感染如何区分?

郑医生:一般过敏的问题持续时间就比较长,一般会超过 4 周;另外过敏的时候不会出现症状越来越重的情况,也不会出现感染的表现。如果咳嗽时间较久,就得考虑是不是过敏的问题了。同时一般春季发生过敏症状的较多,因为春季花粉较多,很多人都会出现过敏的情况。

主持人：过敏器官包括哪些？

郑医生：过敏的疾病比较多，比如过敏性鼻炎、过敏性咽炎、腺样体肥大、哮喘等，这些都跟过敏相关。

主持人：是什么原因导致过敏？如何避免呢？

郑医生：一般来说，过敏是遗传因素导致的。如果父母有过敏的情况的话，要警惕孩子出现过敏的情况。一般来说，5 岁以内的孩子过敏因素常见的有牛奶、鸡蛋、坚果、海鲜和豆制品，只要我们不吃这些食物就可以避免了。同时也要避免吃含有这些食物成分的制品。

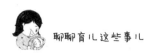

宝宝春季消化道疾病的防治

关键词： 小儿腹泻、细菌、病毒、寄生虫、脱水

访谈嘉宾： 北京美中宜和妇儿医院儿科医生　郑杨

儿科从业近十年，擅长新生儿感染性疾病的预防与治疗，早产儿相关疾病防治，儿童常见呼吸道、肠道感染等疾病的预防与治疗以及儿童健康保健。多次开办健康讲座，并受邀参加《优早早教》《超妈学院》《医学微视》等节目的录制。

主持人： 宝宝在春季容易患的消化道疾病有哪些？

郑医生： 春季一般比较容易出现腹泻。腹泻的原因很多，有可能是细菌性，也有可能是病毒感染的。一般腹泻时会有一些伴随症状，如腹痛等。

主持人： 我看到一组数据显示全世界每年死于腹泻的儿童有500万～800万，由此可以看出小儿腹泻是不容忽视的，那么小儿腹泻究竟是什么样的病症呢？

郑医生：小儿腹泻是一组多病原多因素引起的消化道疾病。引起腹泻的最常见的感染因素有细菌、病毒和寄生虫的感染。腹泻时我们要注意几点：1. 大便性状的改变，有稀便、水样便黏液便或脓血便；2. 要注意大便的次数，一般腹泻的时候要比平时次数增多。

主持人：引起小儿腹泻的原因一般是什么？

郑医生：引起腹泻的原因一般分为两类：感染性腹泻和非感染性腹泻。在病毒性腹泻中第一位的因素为轮状病毒感染。轮状病毒感染一般在秋季发生，所以我们又称之为秋季腹泻，这种疾病一般发生在 6 个月 ~ 2 岁婴儿的身上，自然病程一般在 7 ~ 10 天，可有发热、水样便或呕吐的症状。在夏季一般容易发生细菌性腹泻，细菌性腹泻中大肠杆菌感染是最常见的类型，临床可有发热、呕吐、频繁多次水样便，多伴有脱水酸中毒。非感染性腹泻中发病率越来越高的就是过敏性腹泻，要注意寻找过敏原。

主持人：孩子平时在饮食和生活上需要注意什么？

郑医生：1. 提倡母乳喂养，科学护理，做好奶瓶与餐具消毒；2. 注意卫生习惯的培养，做到饭前便后洗手；3. 不喝生水；4. 不吃变质食物，生吃瓜果要洗净。

主持人：如果孩子患了腹泻并且 1 天之内腹泻的次数特别频繁,有的可能达到几十次,会对孩子造成哪些影响?

郑医生：最主要的就是容易引起水电解质紊乱。主要是要注意孩子是不是出现脱水的情况。家长可以通过一般状态、皮肤黏膜、前囟、眼窝、泪水、尿量、血液循环状态(手心、脚心的温度)来判断孩子是否脱水及严重程度。一般状态主要看孩子的精神状态,如果孩子精神状态很好,一般来说属于轻度脱水。如果孩子精神萎靡或者很烦躁,甚至嗜睡、昏迷等就会存在严重的脱水情况。皮肤黏膜的情况主要是观察孩子腹壁的部位弹性是否正常,家长可以捏起孩子肚脐旁边的皮肤,如果不能马上复原,甚至感觉松弛,说明孩子存在严重的脱水。如果囟门和眼窝是深陷的,说明脱水严重。如果孩子哭的时候眼泪很少,小便的次数和量也很少的话,说明孩子脱水比较严重。另外可以通过孩子的手脚温度来判断,如果温热,说明脱水不严重;如果手脚发凉,就意味着重度脱水。如果出现了严重脱水的情况就必须要到医院就诊了。如果比较轻的脱水可以给孩子吃口服补液盐来补充水和电解质。

主持人：小儿腹泻对孩子有哪些危害?

郑医生：腹泻分为急性腹泻、迁延性腹泻和慢性腹泻。一般来讲慢性腹泻对孩子的危害比较大,会影响到孩子的生长发育,造成孩子营养不良;同时有可能导致孩子出现贫血和抵抗力下降,孩子会出现反复的感冒或者肺炎。急性腹泻容易引起脱水以及电解质的紊乱,如果孩子出现了脱水严重的问题,需要及时到医院就诊。

主持人: 家长如何对腹泻患儿进行护理呢?

郑医生: 首先我们要注意孩子的饮食情况,多吃一些容易消化的东西,比如稀粥、面条等,尽量少吃肉蛋鱼虾这些不容易消化的食物。如果腹泻比较严重,母乳喂养的宝宝仍建议吃母乳,吃配方奶的宝宝可以吃无乳糖奶粉。腹泻的时候最容易出现问题的是孩子的小屁股。这个时候我们要注意加强臀部皮肤的护理,腹泻期间需要及时更换尿布和局部清洗,否则会导致臀部皮肤溃烂。每次便后用温水清洗肛周以及臀部,并用柔软的毛巾或纸巾蘸干,再把皮肤晾干,涂上约一枚硬币大小的护臀膏。如果皮肤有破溃的情况,可以使用金霉素眼膏涂抹,每天两次。对于小女婴还需要清洗会阴,防止上行性尿路感染。在腹部保暖方面,一定注意不要让孩子着凉。腹泻期间要注意对餐具进行消毒和隔离,室内保持新鲜空气的流通,温度适宜。用药方面,无论是哪种腹泻,我们都可以给孩子吃益生菌,但是要注意不要自行给孩子吃抗生素,需要咨询医生后再用药。

宝宝春季皮肤病的防治

关键词:湿疹、荨麻疹、沙土皮炎、芒果皮炎、风疹、麻疹、水痘、
猩红热

访谈嘉宾:首都儿科研究所皮肤科专家　刘晓雁

1983 年毕业于武汉医师进修学院医疗系小儿皮肤科专业。擅
长小儿过敏性、感染性及遗传性皮肤病的诊治,尤其对婴幼儿湿疹、
小儿异位性皮炎、儿童银屑病、白癜风等疾病的诊治有丰富的临床
经验,对小儿妇科及儿童性病的诊治有一定的研究。

主持人: 刘主任,您好! 宝宝在春季容易患哪些过敏性皮
肤病?

刘主任: 春季是宝宝皮肤病的高发季节。从我们医院来看,每
年的 3 月到 5 月,就诊人数与其他月份相比增加了 15% ~ 20% ,比
较常见的有荨麻疹、湿疹、沙土皮炎、芒果皮炎。

主持人: 荨麻疹的病因是什么?

刘主任：荨麻疹俗称"风疙瘩"，病因很多，但是在春季主要是因为温差大，冷热变化大。其次是因为春季外出比较多，感染了植物的花粉。还有就是与春季的食物丰富有关，孩子吃得杂，或者吃了不常吃的食物引起消化道的不适等，这都可以引起荨麻疹的发生。

主持人：荨麻疹有哪些表现症状？

刘主任：反复出现形态不规则的风团、红斑，孩子皮肤瘙痒，并表现出烦躁甚至发热的症状。主要表现就是反复出现风团和红斑，一会儿起了，一会儿又没有了，而且特别痒。

主持人：家里有没有好的护理方法呢？

刘主任：如果孩子没有出现呛咳和发热，不用担心。但要找找原因，看看是否与生活的环境有关，孩子接触了什么及饮食的情况。同时要注意：1. 发物（牛羊肉）不吃；2. 不常吃的水果；3. 避免过度地吹风；4. 避免过度冷热刺激；5. 避免接触植物，少去植物多的地方。如果皮疹特别严重，伴有发热，就要及时到医院就诊，让医生做出判断，给予治疗。

主持人：什么是沙土皮炎？

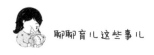

刘主任：在医学上称为"摩擦性苔藓样疹"，好发于 2～5 岁的孩子。发病部位多是前臂、手背，因为这是接触外界最多的部位，摩擦性是它的原因，苔藓样就是它的病程和表现。病程有 1～2 个月，因为是慢性皮肤病，所以家长非常苦恼。刚开始皮疹是一粒一粒的，慢慢地，皮疹会融合到一起，变成一片一片的。恢复的过程中，皮疹会越来越暗红，越来越扁平，然后消退。其实对于沙土皮炎，家长不用太着急，因为无论是否用药都不会缩短病程，但是需要治疗，因为非常痒，越到后期越痒。所以通过治疗可以避免孩子搔抓引起皮肤感染。如果饮食不规律，或者感冒用药可能会使皮疹泛发到全身，当然，只有极少数的孩子会出现这样的情况。

主持人：在护理上有什么需要注意的事项？

刘主任：因为沙土皮炎的病程比较长，所以家长尽量在饮食上不要盲目地给孩子忌口，要保证孩子的营养，正常饮食，只是不要吃得太杂影响到消化就行。平时也可以正常地洗手，不用担心会造成刺激。

主持人：我想很多家长比较关心幼儿湿疹，请您给我们讲解一下关于湿疹的一些问题。

刘主任：湿疹是小儿皮肤科中永久的话题，因为它是小儿皮肤病中发病率最高的。尤其是春季，皮肤科几乎有一半儿都是来看湿疹。婴幼儿更容易患湿疹的原因主要是宝宝皮肤屏障功能尚未成熟,这是婴儿皮肤发育成熟过程中的普遍现象。大多数宝宝随着年龄的增长,皮肤发育完善,湿疹就会明显减轻或者彻底好转。还有一些原因是过敏性疾病的家族史,这些湿疹的病情会容易反复,并且病程长,但也会随着年龄的增长好转。到了春季,气候干燥,会加重宝宝湿疹的症状,主要表现为夜间的瘙痒,集中在面颊、肩背、四肢的外侧、躯干的外侧和臀外侧。孩子搔抓后会出现抓痕,周围有小的皮疹和脱屑,皮肤干燥、粗糙。家长可以采取一些办法减轻孩子皮肤的干燥,第一点是大量地涂抹婴幼儿适用的润肤霜或者是医学护肤品,可以每天多次涂抹。第二点是洗澡的问题。洗澡的水温控制在36℃~39℃,太高的温度会破坏皮肤的保护膜脂;要少放浴液,不一定每次都用沐浴液,可以一周或者两周用一次;洗澡时间不要过长,最好不要超过10分钟。第三点就是饮食的问题。患有湿疹的孩子需要合理饮食,除了基本的鸡蛋、牛奶、鱼、肉之外,可以多吃一些富含维生素 A、B 族维生素的食物。第四点是穿合适的衣物。尽量让宝宝穿纯棉宽松的衣服,不要穿得过多。

主持人:一般治疗湿疹都是使用激素类药膏,会不会对孩子的皮肤造成一些损害呢?

刘主任:对于治疗湿疹,皮肤科医生使用最多的还是激素类药膏。但是要选择适合孩子的一些中效或弱效的药膏,并且在用药时间和药量上要遵照医生的指导,一般不会对孩子的皮肤造成影响。在用药方面需要说明的是:激素类药膏最好配合肤乐霜来用,疗效好又安全。肤乐霜又称为激素伴侣。宝宝湿疹严重时要和"糠酸莫

米松"或者"丁酸氢化可的松"混合后涂抹。用法用量分别是 1∶1,
每天 2 次用 3 天;1∶0.5,每天 2 次用 3 天,9 天一个疗程,肤乐霜的
量不变,激素药膏递减。当然,我们认为,对付湿疹,六成靠润肤,四
成才需要药物,所以家长需要做的还是给孩子多润肤,保持皮肤的
光滑湿润,就会达到理想的治疗效果。

主持人:你在前面还提到了芒果皮炎,是因为吃芒果导致
的吗?

刘主任:是的,芒果成熟之前里面含有的一些化学成分会刺激
孩子的皮肤,从而出现过敏反应。另外芒果中还有一些成分可以引
起光敏性皮炎。症状表现是在口周出现一些很小的疹子,家长可能
不会太在意。如果没有及时治疗,皮疹的面积会越来越大,面部和
嘴唇都会发生红肿瘙痒的症状。

主持人:避免患芒果皮炎是不是就不要吃芒果了呢?

刘主任:其实只要注意吃的方法就可以,家长可以将芒果切成
小块儿给孩子食用,减少芒果与口周皮肤的直接接触。

主持人:有哪些治疗的方法?

刘主任:就是一般的抗过敏治疗,严重的可以用一些口服药
物,一般症状使用外用药,先用 3% 的硼酸水冷敷,再涂抹一些抗过

敏的药膏。如果症状加重,短期内需要使用一些激素类的药膏。在治疗期间也要尽量避免食用其他的热带水果或者果汁,不要过多地日晒。

主持人: 春季多发的皮肤病除了过敏性的以外,还有一些是病毒引起的,有哪些属于病毒性的皮肤病?

刘主任: 春季多发的病毒性皮肤病有麻疹、风疹、水痘、猩红热。

主持人: 这几种病症都是什么原因引起的? 分别有哪些表现呢?

刘主任: 先谈谈麻疹,一般在孩子8个月左右会进行麻疹的预防接种,有的孩子在接种前的一段时间会比较容易感染麻疹病毒,还有的孩子因为体质的原因,接种疫苗后也会感染麻疹病毒。麻疹算是一种严重的传染病,感染后的表现为持续发热,发热3~4天后出现斑丘疹,而且是向心性地往全身扩展,口腔黏膜有柯氏斑。如果家长发现孩子的精神状态比较差,身体又出现了上述的症状,一定要及时到医院就诊,因为麻疹的传染性很强,所以一般需要到传染科治疗,千万不能在家自己诊治。家长需要做的是护理,首先是在医生的指导下用药;其次是室内多通风,保持安静清洁的生活环境;再次,饮食清淡;最后,随时观察孩子的情况,随时就诊,严重的需要住院治疗。还有一种儿童常见病叫"幼儿急疹",非常容易与麻

疹混淆,家长通过发热和出疹的情况可以进行判断:麻疹是发热3~4天后,烧不退就出疹;幼儿急疹是烧退了才出疹。另外,幼儿急疹可以在孩子的耳后、面部或者四肢看到一些星星点点的红疹,出疹不多,不同于麻疹是全身性的出血性的斑丘疹。一般幼儿急疹不需要进行特别治疗。

再来谈一下水痘,水痘的病毒是带状疱疹。我们形容是平地里起了一个水泡,水泡破了,中间塌陷,像一个火山口,周围有一些红晕,这是水痘的典型表现。多发于身体的发际、耳后、躯干,有的孩子口腔黏膜也会有水泡。出水痘的地方同时伴有瘙痒,要避免孩子搔抓,以免留疤。出水痘会有一些前驱症状,类似于感冒,有点儿流鼻涕、打喷嚏,有的孩子发热,有的不发热。因为水痘也具有传染性,所以一定要在医生的指导下进行治疗。风疹的潜伏期为5~20天。发病前会有轻度发热,发疹情况从面部到躯干再到四肢,疹形为淡红色斑疹或丘疹,内疹表现为软腭斑疹或瘀点,合并颈及枕后淋巴结肿大。发病期间要加强护理,发热时卧床休息,注意饮食易消化、清淡。为预防风疹传染流行,对风疹病人必须进行隔离,隔离时间是从发病到出疹后5天。另一种在春季容易感染的就是猩红热,也是婴幼儿常发生的乙型链球菌感染造成的传染病。典型的猩红热症状表现:全身都是充血性的鸡皮样疹子,持续高热,嗓子疼,扁桃腺化脓。但是因为细菌的独立不同,菌株不同,所以引起的症状不同。在儿童皮肤科门诊有的时候会看到非典型的猩红热,是链球菌感染,表现症状是手指指端脱皮,手背上有陈旧性的小鸡皮样疹子,嘴角爆皮开裂,嗓子红肿,杨梅舌。如果患儿表现出这些症状,我们会询问家长是否发过热;如果发过一天热,但不是高热,并且嗓子不痛,家长就需要引起重视了。因为猩红热或者链球菌感染都会产生并发症,例如肾小球肾炎、细菌性心内膜炎以及风湿热等。所以需要家长多留意孩子全身的一些症状,千万不要误认为是普通的过敏而耽误了病情。

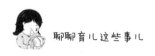

小宝宝也会得"妇科病"

关键词：外阴阴道炎、阴道异物、性早熟、预防

访谈嘉宾：首都儿科研究所皮肤科主任医师　刘晓雁

1983 年毕业于武汉医师进修学院医疗系小儿皮肤科专业。擅长小儿过敏性、感染性及遗传性皮肤病的诊治，尤其对婴幼儿湿疹、小儿异位性皮炎、儿童银屑病、白癜风等疾病的诊治有丰富的临床经验，对小儿妇科及儿童性病的诊治有一定的研究。

　　主持人：有些家长可能经常会看到关于儿童患妇科病的报道，有的患儿年龄不到 3 岁，导致一些年轻妈妈非常担心。为什么小宝宝也会感染妇科病？这会影响孩子的健康吗？

　　刘主任：儿童妇科病的发生主要受三个因素的影响：一是儿童本身的生理发育状况，因为小宝宝的外阴还没有发育完全，不能遮盖尿道口及阴道前庭，细菌就容易侵入。二是卫生条件，有的家长没有给孩子清洁外阴的习惯。三是体内的雌激素水平，因为女宝宝的卵巢还没有发育，雌激素分泌少，阴道上皮薄，缺乏阴道杆菌。这

080

三点任何一个环节出问题，都可能导致细菌的侵入。不过家长也不用过分担心，只要治疗得及时，平时多注意预防，一般不会对孩子的身体健康造成影响。

主持人：女宝宝一般会得哪些妇科病？都有哪些表现症状？

刘主任：最常见的就是外阴阴道炎，在夏天比较多见。在门诊中，经常会看到一些家长带孩子来就诊，一般都是妈妈发现孩子的底裤有些黄色的分泌物，或者孩子总是爱抓下体，导致外阴有明显的抓痕。小女孩儿的外阴阴道炎和成年人的症状比较相似，也会有异常的阴道分泌物，伴有异味、外阴红肿、瘙痒等等。年龄较小的孩子，尤其是不太会说话的孩子可能会表现出哭闹，用手抓挠外阴的情况，这个时候家长就要提高警惕了，最好及时就医。其次是卵巢肿瘤，在小宝宝中也会出现。良性、恶性的都有可能，一般畸胎瘤等生殖细胞肿瘤会多一些。早期往往没有什么表现，如果肿瘤长大，有的可以在腹部摸到；如果发生扭转或者破裂，就会出现腹痛。所以当小女孩出现腹痛时，我们需要考虑这方面可能存在问题。然后是外阴肿瘤，一般恶性的可能性比较大。当然这个病症也比较少见。再就是生殖道畸形，比如处女膜闭锁、阴道闭锁、无子宫等。有的病症孩子年龄小时不太容易发现，随着孩子慢慢长大才能表现出来。像处女膜闭锁，表现症状是到了第二性征发育时期不来月经，只是每个月有很规律的下腹痛。还有性早熟的情况，指的是8岁之前出现第二性征发育。比如乳房发育、大小阴唇的发育、出现阴毛、月经来潮。性早熟如果不及时治疗，会使孩子骨骺提前愈合，导致

身材矮小。最后需要提醒家长注意的,也是我们在临床上会遇到的情况是:阴道异物。有的小孩子因为好奇,会往阴道里塞一些吃的,或者是小玩具之类的东西。因为孩子太小,一般不会自己取出来,家长如果不知道,时间久了就容易发生感染,引起阴道炎症。所以对于小宝宝出现的反复发作并且屡治不好的阴道炎,一定要考虑到可能是阴道异物引起。

主持人:以上的这些疾病有没有好的治疗方法? 家长平时注意哪些问题可以起到预防的作用呢?

刘主任:幼儿感染外阴阴道炎治疗比成人用药困难一些,一般接受口服药物治疗。建议家长不要自行用药,因为不同病菌感染所用的药不一样,应该及时到正规的医院诊治。主要还是平时注意预防,避免幼儿感染。预防的方法:1. 每天清洗外阴一两次,为孩子准备单独的毛巾和盆。2. 孩子便后一定要从前往后擦,避免把肛门的细菌带到阴道口,造成感染。3. 不要穿开裆裤,选择透气性好的纯棉内裤,每次单独清洗,在太阳下晒干。4. 如果妈妈患有阴道炎,一定要注意生活细节上的隔离,避免交叉感染。对于阴道异物的处理,建议家长带孩子到医院就诊,大一些的孩子可以做肛门指检,或者是 B 超和 X 光片;小一些的孩子可能会麻烦一些,有的需要麻醉后利用宫腔镜检查。所以平时家长要对孩子进行适当的教育,防止孩子因为好奇而将异物塞入阴道导致妇科炎症。卵巢肿瘤如果及时发现,通过手术可以治愈;但如果没有及时治疗,可能会坏死,就只能切除卵巢了。目前还没有好的办法预防卵巢肿瘤的发生。生殖道畸形在治疗上根据不同的情况,难易程度也不同。例如处女膜闭锁,只需要做个小手术就可以了。但是阴道闭锁、无子宫的情况治疗相对会比较复杂。儿童性早熟绝大多数是可以治好的,早期发现并及时治疗非常重要。如果发现孩子有性早熟倾向,家长应及时向医生咨询或就诊,找出孩子性早熟的原因,不但可以阻止第二性征进一步发展,还可以逆转刚开始发育的第二性征,避免对儿童造成身心伤害。预防孩子出现性早熟要注意以下几点:1. 避免进食一些保健品。不要盲目地给孩子食用蜂王浆、花粉之类的保健食品,也没有必要让孩子进食一些像人参、鸡精之类的补品,平时只要营养均衡就可以。2. 避免让孩子吃饲料喂养的家禽和鱼。3. 避免食用反季节、转基因的蔬果。4. 避免过多地食用油炸食品。5. 多运动,避免肥胖。6. 远离各类激素污染。例如妈妈使用的化妆品要避免孩子接触,避孕药更要小心存放,不要被孩子误食。7. 家长要多观察孩子的发育状况,一旦发现有早期的症状,可以及时进行治疗。

儿童耳鼻喉的安全

关键词：鼻腔异物、耳道异物、气道异物、食道异物、救治

访谈嘉宾：安徽省儿童医院耳鼻喉科主任医生　戚琦

1987 年毕业于皖南医学院，对小儿耳鼻喉科疾病有一定的研究，特别擅长小儿鼻炎、扁桃体炎、各种异物以及耳聋的早期干预。

经常带孩子逛超市的家长可能会发现，儿童小食品中果冻的大小发生了变化，由原来核桃大小逐渐变成了大包装，当然这里有商家推陈出新的商业目的，但主要还是考虑到孩子的安全问题。因为在过去果冻导致的儿童窒息案例时有发生，令我们联想到孩子自身的特点：发育不成熟、爱玩耍打闹，这就导致了儿童发生耳鼻喉安全问题比成人高很多。别看这是小问题，但如果家长没有引起足够的重视，可能会给孩子的身体健康乃至生命安全带来无法挽回的损失甚至灾难性的后果！

主持人：孩子耳道、鼻腔和喉部常见的异物有哪些？

成主任：常见的异物有植物性的，例如黄豆、花生、瓜子等。非植物性的，例如一些小玩具、纸团、玻璃珠、纽扣电池、小零件等。

主持人：异物进入了耳道会有哪些状况出现？

成主任：一般非活体异物进入耳道不会有明显的症状，但一些活体异物，例如一些小昆虫如果进入耳道，因为出不来，会在里面不停地挣扎，孩子会感到非常难受。花生、黄豆等非活体异物进入耳道，如果孩子不说家长不易发现，但如果耳道里进入水，这些豆类就可能发芽，进而引起耳道的一些感染。

主持人：如果孩子的耳道里进入小异物，家长有没有自己处理的办法？

成主任：一般不建议家长自行处理。因为在不具备任何相关的专业技能的情况下，擅自用工具处理可能会导致严重的后果。由于耳道内部呈弯曲状，并且粗细不均匀，在中间的一部分比较狭窄，如果家长自行处理，很容易使异物越过狭窄的位置进入耳道的深处，这样会给异物的取出造成一定的难度，给医生的治疗带来一定的困难。

主持人：我曾经听到过一种情况，孩子在耳朵里塞入了花生或者豆类的异物，当时没有任何感觉，经过一段时间后，耳道里如果遇水会导致这类异物发生膨胀，然后产生炎症。这样的情况对孩子的

耳朵影响大吗?

　　成主任: 这种情况是最麻烦的,即使到医院就诊,医生也会很为难。耳道因为异物的膨胀造成黏膜充血,致使耳道越来越窄,异物也会因此牢牢地卡在耳道内。此时充血的耳道会异常敏感和剧烈地疼痛,医生在取出异物的过程中孩子会难以配合,造成治疗上的困难。一般情况下只能先消炎,等耳道炎症下去以后再取出异物。如果情况严重,还可能对孩子的听力造成一定的损伤。

　　主持人: 应该如何预防耳道异物的发生呢?

　　成主任: 这与儿童的活动范围有关,小孩子对周围的事物都有很强的好奇心,除了用眼睛看用耳朵听,还会用触觉来感觉。有的时候他看见任何一个感兴趣的东西可能都会往耳道或者鼻腔里塞。所以首先要养成正确的生活习惯,家长要提醒孩子不要经常抠耳道,不要把小东西塞进耳朵里。

　　主持人: 儿童鼻腔异物发生率高吗?

　　成主任: 鼻腔异物在儿童中是最常见的,因为儿童把异物放入鼻腔很方便。鼻腔分为外鼻和内鼻,外鼻就是我们常说的鼻翼部分,这部分的有一块非常狭窄。孩子鼻腔中的异物如果塞得不是特别深,只是塞到外鼻的这一部分,患者会感到鼻子堵,家长能够及时地发现、就诊,医生取出也相对要容易一些。但如果是纽扣电池进入鼻腔,几个小时内就会发生电解反应,引起鼻中隔穿孔,甚至会造成组织腐烂,是非常危险的。

主持人:有哪些自救的方法?

成主任:一般孩子都会把异物塞到外鼻的位置,家长很容易看到。所以特别要强调一点:千万不要自己用镊子等工具夹取,否则很容易导致异物进入更深的位置。

主持人:气道和食道异物是如何造成的?有哪些危害?

成主任:气道异物和食道异物多发于1~2岁的婴幼儿,因为这个年龄段的孩子在玩耍、哭闹、吃东西时容易造成误吸。尤其是对于较大的食物没有进行充分的咀嚼,或者是误食了硬币等就非常容易卡住食道。食道异物有一个基本的表现是无法进食,一旦进食就会发生呕吐,所以家长要注意观察。如果异物卡在支气管中,早期的表现是剧烈的呛咳,但随着异物在支气管中逐渐稳定,呛咳等其他症状都会消失,而此时可能已经造成了肺部感染。所以家长在发现孩子被卡后出现了剧烈的呛咳一定要及时到医院就诊。异物卡在喉部也很危险,因为一旦堵住气道会造成窒息、脑损害甚至死亡等严重后果。

主持人:如果发生食道和气道异物,家长可以自己做一些紧急处理吗?

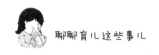

成主任：发生一般情况的食道和气道异物，一定不要自行处理，要马上去医院就诊。比如最常见的被小鱼刺卡到，很多家庭采用的是喝醋或者吞馒头。其实这两种方式都不科学，最好的办法是刺激喉部让患者呕吐。大的食道异物，也可以用催吐的方法，也许会将异物吐出来。如果孩子出现了窒息的危险情况，可以采取简单的自救，这里交给家长几个紧急抢救的方法：如果是特别小的孩子，首先用一只手托住孩子的上腹部，然后让孩子头朝下，另一只手用力拍打孩子的背，异物可能会随着冲力掉出。如果是较大的孩子，家长从后面抱住孩子，向上向后猛烈挤压孩子的中上腹部，通过中上腹部的压力，异物可能会随着强烈的气流从口腔中掉出。如果孩子已经窒息并失去意识，让孩子平卧，家长两手叠放在孩子脐部稍上方反复多次挤压进行抢救。总的来说，气管异物所产生的危害与异物大小和种类有直接的关系。

主持人：如何预防气道和食道异物的发生呢？

成主任：养成孩子良好的生活习惯是预防的最好方式，同时家长要提高安全防范意识。尤其是让孩子在进食时不要乱跑乱跳、说话大笑，让孩子遵守规矩；吃坚果或者整颗的食物一定要嚼碎；不要在孩子哭闹时喂食；避免让孩子接触硬币、游戏币等容易卡住气道的小物品。

保护眼睛从小开始

关键词：视力异常、近视、弱视

访谈嘉宾：中山大学中山眼科中心眼科学博士，美国俄克拉荷马大学访问学者　邓国清

广东省眼健康协会影像专业委员会第一届委员，中山大学中山眼科中心博士，美国俄克拉荷马大学健康科学中心（OUHSC）访问学者。曾参与多项美国国立卫生研究院（NIH）资助课题。擅长眼底病的诊治、眼科疾病的激光治疗、屈光不正验光配镜、角结膜病诊治等。

主持人：俗话说眼睛是心灵的窗户，在生长发育过程中孩子的视力一般会出现哪些问题呢？

邓博士：眼睛是人体接收外界信息的重要感觉器官，90%的外界信息需要通过眼睛感知。儿童及青少年时期是人体视觉发育的重要阶段，眼睛的生理发育在婴幼儿出生后仍然持续进行，而视力发育也随着年龄而不同。通常孩子的视力要到4～5岁才能达到正

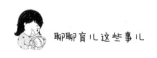

常标准,到 12 岁左右视力才会完全稳定。一般常见的儿童视力问题包括斜视、弱视、屈光不正、形觉剥夺等。

主持人:请您给我们谈谈什么是斜视、弱视、屈光不正和形觉剥夺。

邓博士:斜视是指孩子在看东西时双眼的视线不同步,双眼不能同时注视同一目标的情况,常见的斜视分为内斜视或外斜视,也就是眼位偏内或偏外。

弱视是指单眼或双眼的视力发育不良,即使通过戴眼镜矫正后的最佳视力,仍达不到该年龄可达到的正常视力。

屈光不正是指裸眼视力达不到正常标准,而又不是其他疾病引起的,需借助于光学镜片矫正。常见的屈光不正问题包括近视、远视和散光。

形觉剥夺是由先天性白内障、先天性眼睑下垂或角膜浑浊等造成视线被遮蔽,因而导致的视觉功能发育不佳。

此外,影响婴幼儿的视力问题常见的还有先天性青光眼、先天性白内障、视网膜母细胞瘤、早产儿视网膜病变、先天性眼睑下垂等。

主持人:家长如何早期发现孩子的视力存在异常?

邓博士:首先,对于婴幼儿来说,家长平时需要注意观察幼儿眼睛的一些症状,如果出现下述症状可能是视力不好的预兆,应当及时到眼科就诊。比如,孩子在强光下喜欢闭上一只眼睛,应警惕斜视;孩子的眼睛偏大,黑眼仁过大,伴有见光流泪,看起来水汪汪的,要警惕青光眼;有的孩子瞳仁变白,需警惕先天性白内障;出生后经常流泪,有分泌物,可能是结膜炎或先天性泪道阻塞;对于早产儿,应进行早产儿视网膜病变的筛查,尤其是出生后的低体重儿以及有吸氧史的婴幼儿。另外,有的孩子有眼球颤动现象,这可能是视力差的表现。对于儿童的视力评估在出生后就可进行,普通的 E 字母视力表可用于 3 岁以上儿童视力评估;对于 3 岁以内的婴幼儿,可采用选择性观看、图形视力表、视觉诱发电位等婴幼儿视力评测方法进行视力评估。如有以下情况,应在出生后尽早做眼科相关检查:1. 早产儿;2. 有斜视、弱视、高度屈光不正等家族病史;3. 眼睛外观或视觉表现有任何异常等。

主持人: 什么是近视? 近视的病因是什么?

邓博士: 在正常眼睛,外部的平行光线通过眼屈光间质后会聚焦到视网膜上,这样我们才能看得清物体。而近视是指平行光线通过眼屈光间质后聚焦到视网膜前面,简单来说就是看远的东西不清楚,只能看清楚近的物体。对于近视的病因,首先要说明近视的成因目前在医学界依然不明。但是主流的意见包括:不良的视觉环境、读书写字时光线不足、读写姿势不正确、近距离用眼时间过长等是造成近视发生或发展的重要原因,另外还有一部分是遗传因素。

主持人: 什么是真性近视和假性近视?

聊聊育儿这些事儿

邓博士：在人的眼睛中存在一种结构，叫作睫状肌，通过它的收缩和放松，可以调节晶状体的厚度，改变眼的屈光能力，将光线投射在视网膜上，这个肌肉的作用相当于照相机的调焦功能。假性近视是由于看近的时间久了，睫状肌一直处于一个高度紧张的收缩状态，看远的时候睫状肌不能放松，从而使外界物体不能投影在视网膜上。通过药物或者物理放松，睫状肌的功能可以恢复，就叫假性近视。如果睫状肌长期处于紧张状态，时间久了，使睫状肌不能灵活伸缩，调节过度引起两眼会聚作用加强，使眼外肌对眼球施加压力，加上青少年眼球组织娇嫩，眼球壁受压后渐渐延伸引起眼球前后轴变长，超过了正常值就形成了轴性近视眼，这就是真性近视。如果是假性近视，可以通过增加户外活动时间，用放松疲劳的眼药水来进行治疗。如果发展到真性近视，就需要遵从医嘱，必要时进行配镜矫正。

主持人：目前我国儿童近视的患病率很高，应该如何预防？

邓博士：是的，目前我国青少年近视率高居世界第一，小学生的近视率也接近40%。相比之下，美国中小学生近视率仅为10%，这需要引起全社会的重视。那么家长应该对近视有一个正确的认识，才能更好地协助孩子来预防和治疗近视。为了预防近视的发生以及维护孩子的视力健康，家长除了注意居家环境的合理安排、为孩子提供均衡的饮食、保持孩子规律的作息之外，还要避免任何可能损伤孩子视力的行为。首先要让孩子养成良好的生活习惯，保证充足的睡眠以及丰富均衡的营养,这对视力发展有极大的帮助。第二,不要让孩子太早学习认字、写字,并多增加户外活动。第三,要保证充足、舒适的室内采光。第四,降低电视、电脑的负面影响,建议幼儿每天看电视的时间不要超过一小时,并且每半小时休息5~10分钟。看电视时,应该让幼儿保持与电视画面对角线6~8倍的距离。另外,使用电脑容易使眼睛疲劳,最好不要让孩子太早学习使用电脑。最后要定期进行视力检查。

主持人: 什么是弱视? 弱视对孩子有哪些影响?

邓博士: 弱视是一种发生在儿童期功能性的视觉发育障碍。通常是指眼部无明显器质性病变,以功能性因素为主引起的远视力低于正常且不能矫正。弱视形成的原因是在儿童视觉发育敏感期内,因各种原因使眼内、外部视觉环境异常,导致各级视细胞和视神经刺激不足而造成的视觉发育障碍。弱视发病率一般为3%~5%,全国少年儿童弱视患者多达1500万人。

弱视如果没有得到及时有效的治疗会严重损害孩子未来的人生品质。在每年升学、参军等过程中,有相当数量的学生因视力不好而失去机会,这不仅直接影响孩子未来高考升学及职业选择,而且严重影响孩子的身心健康。弱视的危害远大于近视,因为近视通过配戴眼镜矫正后视力可达到正常。弱视若不能及早发现和治疗,错过了最佳治疗期,即使配上眼镜视力也无法达到正常,终生视力低下。

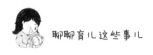

主持人：如果孩子有弱视应该如何治疗？

邓博士：如果孩子有弱视首先要矫正屈光不正。弱视的孩子如有近视、远视或散光等屈光不正，首先要配戴光学矫正眼镜，并要坚持佩戴。弱视治疗是一个比较缓慢的过程，视力是逐渐提高的，因此家长不能操之过急，要耐心劝导孩子坚持戴眼镜。除了洗澡、睡觉之外，其余时间都要坚持戴眼镜。在看近物时，如在写字、绘图时，戴眼镜常可达到事半功倍的效果。对于中、重度弱视的儿童，除了要戴上合适的眼镜外，还要坚持到医院进行弱视训练。目前医学界还没有疗效确切的药物或手术能治疗弱视。

保护宝宝的牙齿

关键词:喂养、饮食习惯、牙齿萌出、口腔清洁、口腔健康检查、氟化物、窝沟封闭

访谈嘉宾:北京美中宜和妇儿医院　儿科医生　郑杨

从业于儿科近十年,擅长新生儿感染性疾病的预防与治疗,早产儿相关疾病防治,儿童常见呼吸道、肠道感染等疾病的预防与治疗、儿童健康保健。多次开办健康讲座,并受邀参加《优早早教》《超妈学院》《医学微视》等节目的录制。

主持人:应该从什么时候开始注重儿童的口腔保健?

郑医生:应该从宝宝出生后开始喂养的时候就注意养成良好的习惯进行口腔保健了。我们提倡母乳喂养,在牙齿萌出以后规律喂养,4~6个月后逐渐减少夜间喂养次数。如果人工喂养应当避免奶瓶压迫上下颌,不要养成含着奶瓶或乳头睡觉的习惯。乳牙萌出后,夜间睡眠前可喂1~2口温开水清洁口腔,建议儿童18个月后停止使用奶瓶。

聊聊育儿这些事儿

主持人：孩子可以吃辅食以后应该怎么进行口腔保健?

郑医生：要建立良好的饮食习惯,减少每天吃甜食及饮用碳酸饮料的频率,预防龋齿的发生。乳牙萌出后要进行咀嚼训练,进食富含纤维、有一定硬度的固体食物,培养规律性的饮食习惯,注意营养均衡。

主持人：宝宝乳牙萌出后有什么要注意的?

郑医生：乳牙萌出时婴儿可能出现喜欢咬硬物和手指、流涎增多,个别婴儿会出现身体不适、哭闹、牙龈组织充血或肿大、睡眠不好、食欲减退等现象。待牙齿萌出后,症状逐渐好转。建议这一时期使用磨牙饼干或磨牙棒以减轻症状。

主持人：口腔清洁应该怎么做?

郑医生：每次进食以后,家长应当用温开水浸湿消毒纱布、棉签或指套牙刷轻轻擦洗婴儿牙齿,每天一两次。当多颗牙齿萌出后,家长可选用婴幼儿牙刷为幼儿每天刷牙2次。3岁以后,家长和幼儿园老师可开始教儿童自己选用适合儿童年龄的牙刷,用最简单的"画圈法"刷牙,其要领是将刷毛放置在牙面上,轻压使刷毛屈曲,在牙面上画圈,每部位反复画圈5次以上,牙齿的各个面(包括唇颊侧、舌侧及咬合面)均应刷到。此外,家长还应每日帮儿童刷牙1次

（最好是晚上），保证刷牙的效果。当儿童学会含漱时，建议使用儿童含氟牙膏。

　　主持人：哪些不良习惯可能导致孩子口腔出现问题？

　　郑医生：用安抚奶嘴、吮指、咬唇、吐舌、用口呼吸等都属于不良习惯。应该从一开始就避免孩子出现这些情况，如果出现应当及时纠正。

　　主持人：孩子的牙齿需要定期检查吗？乳牙是不是不需要检查？

　　郑医生：牙齿是必须要检查的，而且应该在第一颗乳牙萌出后6个月内，由家长选择具备执业资质的口腔医疗机构检查牙齿，请医生帮助判断孩子牙齿萌出情况，并评估其患龋病的风险。此后每半年检查一次牙齿。

　　主持人：什么时候能用氟化物？

　　郑医生：3岁以上儿童可接受由口腔专业人员实施的局部应用氟化物防龋措施，每年2次。对龋病高危儿童，可适当增加局部用氟的次数。

　　主持人：有什么办法能预防龋齿？

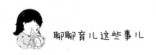
聊聊育儿这些事儿

　　郑医生：窝沟封闭是预防磨牙窝沟龋的最有效方法。应当由口腔专业人员对儿童窝沟较深的乳磨牙及第一恒磨牙进行窝沟封闭，用高分子材料把牙齿的窝沟填平，使牙面变得光滑易清洁，细菌不易存留，起到预防窝沟龋的作用。

浅谈儿童舌系带过短和说话不清

关键词:舌系带、口齿不清

访谈嘉宾:西安交通大学口腔医院主治医师,言语语言治疗师,口腔颌面外科学硕士,西安交通大学医学部博士 马恩维

中华口腔医学会唇腭裂诊治联盟青年委员,中国残疾人康复协会语言障碍康复专业委员会常委。曾先后于台湾长庚纪念医院颅颜中心、台北护理健康大学听语研究所、北京语言大学康复科学学院学习语言病理学。多年从事言语障碍,特别是腭裂语音的研究和临床治疗工作。目前参与发表论文 19 篇,其中在腭裂语音方向以第一作者于核心期刊发表文章 8 篇;SCI1 篇;专利 2 项;获西安市科技进步奖三等奖 1 项;主持陕西省科技攻关项目 1 项,Sinocleft(中国唇腭裂诊治联盟)多中心课题 1 项。主译《腭裂语音临床治疗指南》,参编《唇腭裂序列治疗计划》(人民卫生出版社),参编"国家十三五规划教材"《言语治疗学》(人民卫生出版社)。听语亭微信公众号创办人,目前已经发布原创科普文章超过 200 篇。

主持人: 什么是舌系带过短?

马医生：舌系带过短是医学诊断名词，民间常说"裡舌"。是指将舌头伸出口外时，舌尖不是圆弧形或是尖圆形，而是呈"M"型。因此，并不是有舌系带，就认为舌头被"牵绊住了"。只有符合一定的标准才是舌系带过短。

主持人：舌系带过短的发病率高吗？是什么原因导致的？

马医生：文献分析研究的结果是舌系带的发病率在0.1% ～4.8%之间。确切的病因仍然未知，只有少量的研究提示舌系带过短可能存在遗传倾向。

主持人：舌系带过短会造成说话不清吗？

马医生：我们都知道，说话时舌头起了非常重要的作用。因此，一种逻辑上的理解，当有东西"牵绊了"舌头的运动，就会影响说话。反过来，如果"咬字不清""说话不清"，人们就自然会想到是不是舌头被"牵绊"住了？所以，直到现在大众一直认为"过短的舌系带"是"咬字不清"的主要原因。"经验之谈"能流传至今，至少表示其是符合认知逻辑的。

从前，我当住院医生的时候，门诊上经常会遇到要求剪舌系带的家长。他们都会问道："是不是孩子的舌头有问题？是不是舌头下面的筋牵着呢？把下面的筋剪一下吧！我们院子的孩子剪过之后，说话就清楚了！"然而通过检查，其实很多小朋友并没有舌系带过短的问题,每当此时,我都会说:"我们先做一下语音评估吧!"于是进入我们的常规流程。整个过程下来,那些执意要剪舌系带的家长也不那么执着了。其实,无论从前还是现在,要求剪舌系带的家长,都是因为小朋友存在咬字不清或是担心孩子长大后咬字不清。那么究竟是不是舌系带过短导致了说话不清? 在我们临床工作中和生活中,可以看到这样的两类人:一类是他们的舌系带确实符合"舌系带过短"的诊断,但是他们的咬字,无论是他们自己还是周围的人,都表示没有问题;还有一类人,周围的人和他们自己都反映说话有问题,但是经过医生的检查,他们的舌系带很正常。这两类人群的存在说明了舌系带并不是像人们想象的那样是说话不清的唯一因素。

主持人:那为什么有的孩子会说话不清呢?

马医生:说话是否清楚的问题涉及了另一个学科——言语语言病理学。从事言语语言病理学的医生我们称之为言语语言治疗师。而小朋友的说话不清又与口腔结构的完整与否、语音语言的发展程度、听觉、认知等很多因素相关。舌系带问题几乎是我们语言门诊里的第一大误区。

主持人:什么情况下需要剪舌系带呢?

马医生:美国儿童牙科协会(AAPD)的指南指出:出生时过短的系带影响母乳喂养,或是乳牙生长时反复发生系带溃疡时,才需

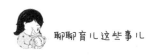

要剪舌系带。舌系带过短应该实施个体化治疗。例如：如果存在构音障碍（咬字不清），手术应该在言语语言治疗师的评估之后进行；如果存在咬合问题（牙齿不齐问题），手术应该在正畸师的评估之后进行。这一原则同样适用于出现母乳喂养障碍的婴儿。

主持人：具体有哪些治疗方法？效果如何呢？

马医生：舌系带过短的手术治疗方案包括：系带切开术、系带切断术以及系带形成术。由于缺乏合理设计的临床随机对照研究，不同手术方法以及不进行手术治疗的疗效尚未得到验证。由于临床随机对照研究的欠缺，也尚未得到婴儿时期舌系带过短的有证据可依的临床治疗程序。而在成年人中，也没有证据证明手术治疗能够改善其发音。也没有证据证明，舌系带过短可以引起咬合异常以及牙龈萎缩。因此也没有证据证明，对于舌系带过短的治疗，系带切断术、系带切开术、系带成形术，不进行手术治疗，哪个是更好的办法。目前，舌系带过短问题通常会被介绍到牙科专科医生那儿去看诊。由于患儿可能存在功能问题以及患者的年龄因素，常常是全科口腔医师、儿童牙科医师、正畸医师、儿科医生接诊这样的患者。研究显示，高的发病情况多见于新生儿，这也就提示轻度的舌系带过短问题可以随着年龄增长而解决。

说说儿童语言发育迟缓

关键词：语言发育迟缓、儿童自闭症、智力发育迟缓、训练

访谈嘉宾：北京语言大学语言康复学院博士　刘恒鑫

2009 年至 2014 年曾先后担任中央电视台七套军事和农业频道《科技苑》栏目记者、《阳光大道》栏目导演以及外景主持人、《农广天地》栏目执行制片人。2014 年至 2016 年期间任中国教育电视台《辣妈掏心话》栏目制片人。现为北京语言大学语言康复学院博士，主要研究方向：语言病理学。包括自闭症、听力障碍、脑瘫、唇腭裂、唐氏综合征、语言发育迟缓等。

主持人：刘博士您好！什么是语言发育迟缓？

刘博士：语言发育迟缓主要是指在发育过程中的儿童语言发育没达到与其年龄相应的水平。但是，这不包括由听力障碍引起的语言发育迟缓和构音障碍等其他语言障碍类型。

主持人：语言发育迟缓的原因是什么呢？

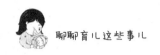

刘博士：语言发育迟缓主要是由以下几个方面造成的。第一，脑瘫。听觉对儿童的语言发育非常重要，如果在语言发育期间长期存在对口语的输入障碍，那么语言信息的接受（理解）和信息发出（表达）等就会受到影响，导致语言发育迟缓。这种情况下他的语言障碍程度与耳聋程度相平行。第二，儿童自闭症。如果对作为语言交流对象的存在和语言刺激本身的关心不够，那么语言发育必然会受到影响。自闭症的儿童就是这个情况的典型病例。自闭症儿童在行为方面的表现是视线不合，即使和他打招呼也没有反应，并且保持一种比较刻板的行为。在语言方面的症状是模仿别人说话或者与场合不符地自言自语、人称代词的混乱使用、讲话方式很单调，没有抑扬顿挫等等。第三，智力发育迟缓（精神发育迟缓）。精神发育迟缓在语言发育迟缓中所占的比例最大。第四，受语言学习限定的特异性障碍（发育性运动性失语，发育性感觉性失语）。发育性运动性失语就是语言的接收（理解）与年龄相符，但语言表达有障碍。发育性感觉性失语，是历来对语言的接受（理解）和发出（表达）同时极度迟缓的病例使用的用语。第五，构音器官的异常。构音器官异常主要是指以脑性瘫痪为代表的运动障碍及以唇腭裂为代表的构音器官结构的异常等。这些因素单独或同时存在都会引起语言发育迟缓。第六，语言环境的脱离。儿童在发育早期被剥夺或脱离语言环境而导致语言发育障碍。如果是长期完全被隔离，脱离语言环境的儿童会出现语言发育迟缓的现象。

主持人：语言发育迟缓都有哪些表现呢？

刘博士：语言发育迟缓的表现有很多，比如：过了说话的年龄仍不会说话；说话晚或者很晚；开始说话以后，比别的正常孩子发展慢或出现停滞；虽然会说话，但语言技能较低；语言应用、词汇和语法应用均低于同龄儿童；只会用单词交流，不会用句子表达；交流技能低；回答问题反应差；语言理解困难和遵循指令困难……

主持人：对语言发育迟缓的儿童该如何进行有针对性的训练呢？

刘博士：训练方式通常有两种：直接训练和间接训练。直接训练是以治疗师作为主要的训练者，计划并执行训练工作；通常也会与患儿父母或其他专业人员合作制订适合患儿的训练计划，包括选择训练场所、训练频率、个别或集体训练等等。训练场所可以是治疗室、户外或家中，一般根据训练课题选择合适的地方。在进行一对一训练的时候，训练室一定要安静、宽敞，充满儿童喜爱的气氛；如果是集体训练可以在训练室内和室外进行；家里的训练要注意去除不利的有关因素。训练频率要根据患儿的语言发育阶段水平和训练计划、训练场所的状况决定。一般来说，次数多、时间长、项目少的训练效果会更明显。时间一般安排在上午，因为这个时间儿童注意力比较集中，每次训练在半小时至一小时，课题设定以两三个为宜。

主持人：那什么叫间接训练呢？

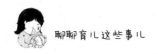

刘博士：间接训练是指治疗师指导患儿父母或者他的照顾人，执行治疗工作。当治疗师通过评估，认为父母或者照顾人是改变儿童行为的最佳人选，就可以采用这个方法。治疗师来协助父母共同制订训练计划，并根据儿童的训练反应调整治疗计划。

主持人：我们在什么时候使用直接训练，什么时候使用间接训练呢？

刘博士：一般来说，当语言发育异常儿童需要建立新的行为时，直接训练最适合；而在横向扩展和使患儿所学的沟通行为形成习惯时，可采用间接训练方法来指导父母，让儿童新近建立的行为在日常生活中得到运用及巩固。直接训练和间接训练可以单独或同时进行，从而让儿童语言学习得到最迅速、最有效的进展。

主持人：经过这一系列的训练，我们期待达到一个什么样的目标呢？

刘博士：训练的最终的目标是让患儿语言发育能达到正常水平，但目标也会因为孩子的情况不同而有一定的差别。一般会希望达到三种目标：首先，改变或消除儿童的基本缺陷，使患儿达到正常水平；其次，改善儿童的异常情况，根据其语言学上的基本缺陷，教会患儿特别的语言行为，让他尽量正常化；最后，根据儿童的能力，提供补偿性的策略来学习语言和沟通技能。

主持人：对于训练过程中儿童的反应,治疗师有哪些应对技巧呢?

刘博士：对于儿童的反应,治疗师确实要有适当的处理技巧,才能有效促进儿童的能力及学习动机。处理技巧包括以下几个方面,一是示范与提示。儿童出现缺乏反应或反应不当时,通过训练示范,帮助其达到治疗效果。如果儿童仍然反应不正确,可以采用口语或手势的提示,降低困难度,提高反应的正确率,维持孩子对这项训练的兴趣。二是扩展与延伸。扩展是在儿童讲话的同时,治疗师用语言回应将儿童不足的话语补充起来,同时保留儿童讲话的主要内容。比如儿童说"吃饭",治疗师可说"对,弟弟吃饭"。儿童往往会自然而然地部分或完整地重述治疗师的话。扩展的同时,治疗师也可就儿童说话的主题延伸其内容,例如前面提到的例子,治疗师可以说"对,弟弟累了"。也就是除了对儿童的口语给予适当的赞同外,还让他注意到两句话的关联,以更有效地增进其能力。三是说明。当儿童正在进行一项活动时,治疗师可时时予以相关的说明。例如儿童在玩玩具,治疗师问他:"你在做什么?"儿童回答:"车车。"然后治疗师扩展说:"对,你在玩车车。"进而再说,"车车跑得很快,很好玩对不对?"用这样的方式是因为儿童的行为如果常得到他人的说明,能增进语言表达能力。四是鼓励。鼓励可使儿童乐于学习、勤于学习。鼓励儿童的行为大致分两种方式:首先是物质鼓励,对儿童的反应给予物质上的鼓励,如吃东西、玩玩具等;其次是精神鼓励,对儿童的反应给予精神上的鼓励,如口头的称赞、贴星星或者

大人做出愉悦的表情等。

主持人：针对语言发育迟缓的儿童，除了上面说的语言训练，我们还有哪些方式可以帮助他们提高语言能力呢？

刘博士：儿童语言的发育是与语言环境和家庭环境密不可分的。孩子出生后，妈妈就可以经常地丰富自然声音，并将这些自然声音变成有意义的刺激；妈妈不断用视觉、听觉、触觉等去刺激他，孩子也会用自己的方式来向妈妈传达信息。因此，儿童在言语发育之前，很多语言运用的基础已经在家庭的环境中得以实现和发展。对于语言发育迟缓的儿童，希望他的语言得以发展，单纯依靠语言训练是达不到预期效果的。语言训练的内容必须在语言环境中实践，因此家庭的养育环境也是非常重要的。比如在训练中儿童学会将物品给予别人、表示要求等，在家庭环境中需要所有人来参与强化这项内容。同时也要鼓励儿童多参与社会活动，多与同龄儿童一起交流。

谈谈儿童语言发展的五个阶段

关键词：早期发声阶段、与声音玩耍、沉默期

访谈嘉宾：北京语言大学语言康复学院教师 靳玮

台北教育大学应用语言学硕士，北京语言大学语言学及应用语言学博士，中国科学技术信息研究所计算语言学博士后，曾任台湾中山大学华语文中心教师。

人类语言具有"以有限至无限"的能力，通过语言的组合关系、聚合关系幻化出无限的句子，我们可以随口说出一个从未听过的、崭新的句子，这就是语言的奥妙。婴幼儿在短短的几年间迅速地习得自己的母语，并能完成"以有限至无限"，人类强大的语言学习能力一直是语言学家倾注全力苦心追索、探寻的谜。目前，学界已经得到了一些明确的研究成果，知道婴幼儿的语言发展基本可以分成几个阶段。每个阶段都有相应的特点，通过了解这些发展特点，我们可以帮助孩子更好地发展语言能力。

主持人：孩子语言的发展反映了大脑的发育情况，爸爸妈妈们

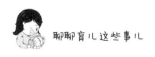

都很关心孩子语言的发展,能不能给我们讲一讲儿童语言发展主要有哪几个重要阶段?

　　靳玮:我们主要讲儿童说话能力的发展,可以分成五个阶段。第一阶段是早期发声阶段,为 1 到 4 个月大的时候。这个时期,孩子能调整哭声,包括音高、长度和强度,还能针对不同的人的声音做出不同的反应。家长可以观察一下,这个时期孩子的声音感知能力已经相当敏锐了,可以对爸爸的声音、妈妈的声音、姥姥的声音做出不同的反应。另外,孩子在这个时期已经开始自发性地发出许多简单的、只有韵母的声音,比如"呜呜""啊啊"。

　　主持人:也就是说,孩子能发出一些单元音"a""e""i""o""u",会不会出现一些复合元音"ai""ie"呢?

　　靳玮:复合元音要在这一阶段的后期才可能出现。复合元音的发展要到第二个阶段比较显著。第二阶段是与声音玩耍的阶段,是 4 到 12 个月大的时候。这个时期,孩子会表现出强烈的表现欲望、交流欲望,可能会拿着玩具、对着镜子发出比较复杂的声音,尝试玩不同的声母和声调,如"dàdà""māmā",但不见得对应一定的意思。特别是在 10 到 12 个月的时候,孩子有时能发出一连串的声音,乍听之下,还真以为孩子可以说出一串一串的句子了,但再细听,却听不出任何有意义的词语,只是很接近成人说话的语调。有些家长在这个时期看到孩子对着自己说"māmā"后续接着一连串的声音,就兴奋地以为孩子已经会喊妈妈,想对妈妈说什么话了。仔细观察,孩子可能过一会儿又变了,可能又对着自己喊着别的声音了。

主持人: 聊到这个部分真是很有意思! 很多家长都会关注孩子第一声叫的是"妈妈""爸爸",还是"姥姥""奶奶"。在学界,有没有相关的研究?

靳玮: 在语音的发展中,双唇音是最早发展出来的,而爸爸的"b"和妈妈的"m"都属于双唇音,先喊"爸爸"还是先喊"妈妈",其实两者的概率是一样的。很多人认为孩子先喊"爸爸"的比例高,是因为"b"属于清音,只要双唇一闭一开就能发出,比较容易;而发"m"时气流必须经过鼻腔,发出声带振动的浊音,发音相对难一点。这种说法不见得正确,因为婴幼儿的发音很难发出真正的"清音",婴幼儿的声音常带有一种含混不清的音感,好像每个音节都带有鼻音似的,现在很多年轻人很喜欢模仿这种婴幼儿的声音特点,好像叫作"奶音"! 婴儿发"m"不见得比发清音"b"费劲,所以小孩先喊"爸爸"是因为发音方式比较容易的说法可能需要再商榷一下。话说回来,可以确定的是,孩子不容易先喊出"姥姥""姥爷",因为"l"的发展的时间是比较晚的。孩子明确地知道谁是"爸爸""妈妈",并对应固定的发音,要到了语言发展的第三个阶段,才算是语言开始发展的阶段。第一个说话发声的阶段一般是在 12 个月到 18 个月。一般来讲,婴幼儿大约在 11 个月就出现了第一个"表达性词汇",也就是对着某一对象发出固定的、有意义的语音,绝大多数的孩子第一个有意义的语音是"爸爸"或"妈妈"。这个时期开始出现有意义的词语,也会出现一些重复音节的词语,如"拿拿""杯杯"。要注意

的是,这期间孩子可能不如以前对发音显得那么热情,开始减少无语义的喃语,甚至连原先会的词语都不爱说了,反倒常用手势指示代替,这个也是很正常的现象。这个就是必要的"沉默期","沉默期"是建立语言习得能力的一个非常重要的时期,家长无须过度担心。

主持人:孩子到了"沉默期",家长应该怎么帮助孩子呢?

靳玮:婴幼儿到了语言发展的"沉默期",主要就是通过"听"的发展来提高语言习得的能力,所以这个时期家长要把握机会对孩子说话,举个例子,当孩子指向柜子里的玩具说"妈妈",表示希望妈妈把玩具交给他。这时,妈妈可以对着孩子说:"宝宝要玩玩具吗?"触发孩子的回应,观察孩子能否理解这句话的意思。如果孩子没有明确回应,妈妈可以替孩子回答,并抓住机会多对孩子说话,而这些话尽量要求是完整的句子,比如:"宝宝要玩玩具!妈妈给宝宝玩具,妈妈和宝宝一起玩玩具,好不好?"制造一切机会让孩子多听、多学。这个时期,也可以陪着孩子听故事、看电视,利用其中的故事增加对孩子说话的机会,并通过孩子的反应确认孩子是不是理解了。

主持人:孩子在"沉默期"阶段,家长要多跟孩子说话,增加孩子的语言理解能力。语言发展的沉默期在孩子18个月的时候就结束了吗?

靳玮:一般在婴幼儿15个月左右语言发展的"沉默期"就结束

了,此后孩子的词汇量会明显扩大。婴幼儿 18 到 50 个月大,属于系统化习得阶段,这时期孩子会经历词汇爆炸期,快速地积累词汇量。22 个月后开始出现双词句,如"妈妈抱抱""宝宝玩"等。其间,要注意的是,孩子 2 岁时只有五成的话语是清晰可懂的,一直到 6 岁左右才能达到百分之百清晰可理解。其间可能出现把"哥哥"说成"dede",把"叔叔"说成"fufu"的情况,但是听辨的时候又能很好地区别"哥哥"和"dede",说的时候就说不好,这都是正常现象。孩子一直要到 6 岁左右才能很清晰地发出所有汉语的声母,特别是"zh、ch、sh、r、z、c、s"这几个声母发展得比较慢。语言发展的最后一个阶段,构音技能稳定阶段,是 50 至 80 个月大。一般来讲,55 个月大的幼儿几乎可以发出母语中的所有语音,除了我们先前讲到的几个发展比较慢的声母。家长可以按照这几个阶段观察孩子的语言发展,会发现孩子的进步是相当惊人的。

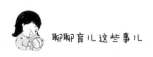

聊聊育儿这些事儿

浅谈读写萌发与儿童语言障碍

关键词:读写萌发、读写能力、儿童语言障碍

访谈嘉宾:澳门聋人协会语言治疗师督导　张敬贤

2007 年毕业于台北护理健康学院听语障碍及科学研究所硕士班语言病理组,2007 年~2008 年至台湾脑性麻痹协会附设同舟发展中心担任语言治疗师,2008 年~2017 年间于台北护理健康大学听语中心担任临床实习督导及兼任讲师,2017 年起于澳门聋人协会担任语言治疗师督导。

专长领域为儿童早期沟通行为评估与干预、自闭症候群儿童语言障碍评估与治疗,以及发展迟缓儿童读写萌发教学。

主持人: 请问什么是读写萌发?

张老师: 读写萌发(emergent literacy)指的是 0~4 岁儿童在进入正式阅读前逐渐发展阅读及书写技巧的过程,孩子在自然环境建立规律的阅读习惯中,随着接触书本及纸笔主动学习操作配合口语互动,形成越来越成熟的读写技巧,并成为未来正式阅读及书写能

114

力发展的重要基础。此概念最早在 1966 年由心理学家 Clay 提出，而根据后续国外的研究报告指出，孩子若能在入学龄就读前具备足够的早期读写能力，将有助于入学后读写能力的发展及成就。其中包括阅读动机（print motivation）、词汇理解（vocabulary）、文字符号的概念及知识（print awareness）、叙事能力（narrative skill）、音韵符号的处理（phonological awareness）、字母/笔画知识（letter knowledge）。由此可见读写能力需要长时间的累积学习，并非一种自然发展而成的技能。

　　一般发展的儿童多数可以在读写环境丰富的条件下，逐渐发展出读写萌发过程所需的各项能力。这些能力包括足够的译码及理解知识。以阅读萌发的技巧为例，孩子首先必须具备将字型译码成字音的能力，才有办法形成识字和读字的表现；同时需要能理解文字或文体内容的含义，方能进一步达到从阅读中获得词汇知识，及形成在游戏或对话情境使用阅读中学得词汇的能力。孩子需要熟练这两种技巧，才能成为精熟的阅读者。

　　主持人：什么是阅读的萌发和书写的萌发？

　　张老师：在学龄前阶段建立阅读萌发的目标主要是为了形成儿童对书本的理解和解码概念。不同于正式读写阶段的孩子能按着书本上的文字依序读出来，文字对于学龄前阶段的儿童是没有特别意义的符号，在阅读萌发活动中需要先引导孩子能学习看书中的图画说故事，从特定的主角和周边的环境开始指认并学习叙述图和图之间的关联性，进一步带领孩子注意图画周边的文字符号，例如

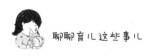

角色的名字或者夸张的状声词。渐渐引导孩子能结合图片和文字讯息学会有顺序性地说故事,能预测故事的下一个情节,甚至盖起书本也能从记忆中提取故事。学习这些阅读前技巧,对于儿童发展后续精致熟练的阅读能力是相当重要的。

另外,建立书写萌发的目标则主要在于带领儿童习得书写有意义符号的概念。相同于阅读的发展,学龄前阶段的儿童并非直接学习握笔写字,书写前技巧是由画图开始,孩子从接触笔开始学习,慢慢了解拿笔的方法和控制笔的方向,开始使用涂鸦或图画表示特定概念,例如画圈代表太阳、大圈圈里面画三个小黑点代表妈妈的脸。渐渐地引导孩子书写简单符号,例如数字或自己名字的部件,并且模仿成人书写由左到右的规则,将图画夹杂部分符号有顺序地书写以表示自己的想法,进一步可能出现模仿成人书写但并非真实文字的符号样式。儿童在书写萌发的过程中逐渐理解可以运用自己的手握笔画出或写出有意义的内容,对于正式书写阶段的衔接文字、习字练习将更具有意义。

主持人:读写萌发与语言障碍有什么关联呢?

张老师:语言障碍是一种发展性和功能性的困难,目前尚无单一的治疗手法或药物等医学处置方式可快速地改善孩子学习和与外界沟通的能力。每个有语言障碍的孩子都需要考虑本身的生理及环境条件可能造成的限制、接受疗育的方式和时间、与身边环境的支持度等因素,个别发展及进步的速度都不尽相同。在早期疗育的基础之下,语言障碍孩子接受疗育的时间通常由数个月到数年不等,语言能力逐渐能发展到能进行较为清晰、有效率的沟通,并能自动地从环境中获取有用的语言知识和讯息以利其进一步的学习。

语言障碍儿童在发展过程中可能限制或影响其听力理解以及口语表达的能力。由于这些孩子听及说的译码能力不足,进一步表现在在接触读写活动时发生困难,其读写萌发能力有可能落后于一般正常发展的儿童。早期被诊断为语言障碍的儿童,在未经过适当的读写萌发能力训练下,在后续的阅读及写字活动中亦常出现困难。若能提供预防性的干预,将可大幅防范及降低语言障碍儿童进入正式读写阶段时与其他同龄儿童的落差。

主持人:促进语障儿的读写萌发能力,给父母的建议有什么?

父母在生活情境中,能够借由提供丰富的读写经验,以及引导建立读写知识的活动等两个方面来帮助孩子建立读写萌发能力。

提供丰富的读写经验可从每天陪伴孩子共读绘本开始,由父母协助建立规律的阅读习惯,引导孩子逐渐将阅读书本融入生活固定的作息之中。而父母本身也可借由自身的阅读行为进一步成为孩子的学习模范,无论是阅读报纸杂志、电子书、网络新闻、点菜单或者是卖场促销广告单,乃至于将待办事项写在便条纸、写卡片、用手机传递简讯,父母在生活环境中引导孩子留意到阅读和书写原来充斥在日常活动之中。

建立读写知识的活动,可借由绘本共读的阅读活动带领孩子发觉文字的存在,进一步探索文字的排列形式和功能(如左到右、上到下)及介绍中文字和语音的对应关系(如一字一音),慢慢借由字词概念的累积拓展孩子对绘本内容的情节理解,为孩子阅读并根据阅

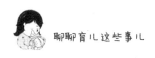

读主题与孩子进行对话讨论,进而让孩子从阅读中获得兴趣。书写活动可利用引导孩子使用蜡笔、色笔等不同媒材进行涂鸦,逐渐使孩子了解可以运用自己的手及笔来创造线条和色块,进一步带领孩子运用中文字的主要笔画(如永字八法)配合几何图形的组合在纸上重现生活中熟悉的物品及对象(如下雨、火车),在逐渐累积用笔经验后再提供生活情境中利用符号做记号、编码,或赋予意义的游戏,使孩子一步一步了解用笔写字的功能。

主持人:对于语障儿的家长,还有什么需要注意的技巧?

张老师:对于家中一般发展的孩子,父母多半都会利用念绘本的方式陪伴孩子阅读,而随着年龄增长一般发展孩子多可自然形成越来越精熟的阅读技巧。但对于有语言障碍的孩子,父母需要投注更多时间及耐心来陪伴孩子共读,先把孩子的注意力吸引在活动上,重复一致地给予清晰明确的示范,根据活动内容提供大量的对话问答并引导孩子的回应,等待孩子逐渐理解且能记住概念后渐渐减少提示,最后将阅读及书写技巧应用在生活情境中。给予示范时首先最需要了解的便是孩子目前的语言能力,带领的过程中提供与孩子语言发展相符或略高一层的示范,例如孩子目前多数使用单一词汇命名或表达(如车车、妈妈),父母给予的示范最多到双词汇组合的词组短句(如车车走走、妈妈帮忙)。

不管安排再多的疗育课程,最重要的还是父母能从课程中跟治疗师的讨论中,了解孩子目前的发展目标和疗育方向,并且转换成生活情境中能应用的活动和互动方式,对孩子的发展及学习帮助才有最大的效果。例如语言治疗师提供的听、说、读、写功能训练,治疗师一周最多也只能带领孩子 30 至 60 分钟,其他的相处时间父母亲就是最佳的练习对象,试着带领孩子了解在生活中说话的重要性和功能性,或让孩子了解阅读和书写存在生活环境中的每个角落,提供持续的示范引导和鼓励,父母才是让孩子进步的最大功臣。

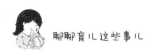

儿童自闭症

关键词：儿童自闭症、孤独症、表现及治疗

访谈嘉宾：北京语言大学语言康复学院博士　庞子建

2008 年获得首都医科大学康复医学及理疗学硕士学位，2008 年~2016 年就职于中国康复研究中心听力语言科，康复医师、语言治疗师；现为北京语言大学语言康复学院博士，主要研究方向：语言病理学，包括失语症、构音障碍、儿童自闭症、听力障碍、语言发育迟缓等。

主持人：庞博士您好！什么是自闭症？

庞博士：自闭症是一个医学名词，又称孤独症，被归类为一种由于神经系统失调导致的发育障碍，其病征包括不正常的社交能力、沟通能力、兴趣和行为模式。也称为自闭症谱系障碍（Autism Spectrum Disorder, ASD），一般在 3 岁前发病。根据患儿能力的高低，分为低功能自闭症及高功能自闭症，多数低功能自闭症缺乏语言能力，伴有明显的自我刺激行为，坚持度极高，自闭症倾向明显，学习能力差。多数高功能自闭症具有语言能力，学习能力较佳、自闭症倾向较不明显;但语言理解与表达力、人际互动与聊天的能力仍有困难。我们在一些影视作品中看到的自闭症常常指的是高功能自闭症,即具有语言能力的自闭症。但临床上更常见的是语言能力很差的低功能自闭症。

主持人: 自闭症的病因有哪些呢?

庞博士: 至今无法确定,临床意义上定义是不能彻底治愈,但经过科学合理无创伤性的有效康复可以达到接近常人的改变。早期的研究者认为自闭症是父母的养育不当造成的,随着对自闭症研究的深入,这种观点已被放弃,研究者的视角转向从生物学、心理学这两个角度综合的观点来解释自闭症的病因。目前流行的看法是:自闭症的病因主要是脑生物学的因素导致认知和情感上的障碍。

主持人: 自闭症的发病率近年来有什么变化?

庞博士: 目前来说无论在国际上还是在国内发病率逐年在增加。美国:公开数字为 1:68(2016 年);澳大利亚:有交往障碍的儿童占正常儿童2/5;我国:1:100。高龄孕妇生育的孩子自闭症发病率远远高于正常育龄孕妇,母亲生育年龄超过35 岁,自闭症谱系婴儿的发病率是 34 岁以下母亲的 1.7 倍,如果是头胎的话则是 1.8 倍。近些年,早产儿的出生率、成活率出现不断增长的趋势,自闭症的风险也随之增高。

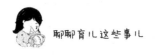

主持人：自闭症有哪些表现？

庞博士：自闭症儿童被称为"星星的孩子"，他们固守在自己的世界里，不能正常地与周围的世界互动。主要表现为三大类核心症状，即社会交往障碍、交流障碍、兴趣狭窄和刻板重复的行为方式。

（一）社会交往障碍。该症患儿在社会交往方面存在质的缺陷。在婴儿期，患儿回避目光接触，对人的声音缺乏兴趣和反应，没有期待被抱起的姿势，或抱起时身体僵硬、不愿与人贴近。在幼儿期，患儿仍回避目光接触，呼之常无反应，对父母不产生依恋，缺乏与同龄儿童交往或玩耍的兴趣，不会以适当的方式与同龄儿童交往，不能与同龄儿童建立伙伴关系，不会与他人分享快乐，遇到不愉快或受到伤害时也不会向他人寻求安慰。学龄期后，随着年龄增长及病情改善，患儿对父母、同胞可能变得友好而有感情，但仍明显缺乏主动与人交往的兴趣和行为。虽然部分患儿愿意与人交往，但交往方式仍存在问题，他们对社交常情缺乏理解，对他人情绪缺乏反应，不能根据社交场合调整自己的行为。成年后，患儿仍缺乏交往的兴趣和社交的技能，不能建立恋爱关系和结婚。

（二）交流障碍。1. 非言语交流障碍：该症患儿常以哭或尖叫表示他们的不舒适或需要。稍大的患儿可能会拉着大人手走向他想要的东西，但缺乏相应的面部表情，表情也常显得漠然，很少用点头、摇头、摆手等动作来表达自己的意愿。2. 言语交流障碍：该症患儿言语交流方面存在明显障碍，包括：①语言理解力不同程度受损；②言语发育迟缓或不发育，也有部分患儿 2 ~ 3 岁前曾有表达性言语,但以后逐渐减少,甚至完全消失;③言语形式及内容异常:患儿常常存在模仿言语、刻板重复言语,语法结构、人称代词常用错,语调、语速、节律、重音等也存在异常;④言语运用能力受损:部分患儿虽然会背儿歌、背广告词,但很少用言语进行交流,且不会提出话题、维持话题或仅靠刻板重复的短语进行交谈,纠缠于同一话题。

(三)兴趣狭窄和刻板重复的行为方式。该症患儿对一般儿童所喜爱的玩具和游戏缺乏兴趣,而对一些通常不被作为玩具的物品却特别感兴趣,如车轮、瓶盖等圆的可旋转的东西。有些患儿还对塑料瓶、木棍等非生命物体产生依恋行为。患儿行为方式也常常很刻板,如常用同一种方式做事或玩玩具,要求物品放在固定位置上,出门非要走同一条路线,长时间内只吃少数几种食物等。并常会出现刻板重复的动作和奇特怪异的行为,如重复蹦跳、将手放在眼前凝视、扑动或用脚尖走路等。

(四)其他症状。约3/4该症患儿存在精神发育迟滞。1/3～1/4患儿合并癫痫。部分患儿在智力低下的同时可出现"孤独症才能",如在音乐、计算、推算日期、机械记忆和背诵等方面呈现超常表现。

主持人:如何治疗自闭症?

庞博士:1.医学治疗(药物治疗):可以减轻症状,例如过分活跃、不集中、情绪不稳定、暴力倾向、睡眠困难等,但效果有限。

2.教育训练(结构化教育):根据个体差异,制订教学方案,进行一对一教学与评估。

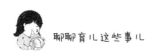

3. 听觉统合训练：针对自闭症儿童的听觉过敏、听觉处理缓慢等特点设计，由治疗师通过调制、过滤特定音乐来矫正听觉系统对声音处理失调的现象，并刺激脑部活动，从而达到改善语言障碍、交往障碍、情绪失调和行为紊乱的目的。

4. 感觉统合训练：感觉统合是指将人体器官各部分感觉信息输入组合起来，经大脑统合作用，完成对身体内外知觉做出反应，包括前庭功能训练、运动协调训练、触觉学习训练、认知功能训练和左右脑激活训练。

5. 艺术治疗：艺术治疗是一种结合艺术与心理学的治疗形式，是利用人与生俱来的创作潜能与自我治疗的本能，达到心理健康和个人成长的目的。艺术治疗透过绘画、陶艺、泥塑、立体造型等表达方式，提供非语言的表达和沟通机会，使受助者更能认识自己的内心世界。

6. 融合教育理念下的治疗：融合教育已是世界潮流，融合教育在国外实施数年，目前较有成就的国家有加拿大、美国和西欧诸国以及新西兰、澳大利亚；我国也逐渐在推广中。

7. 游戏治疗：游戏与运动是符合孩子天性的，游戏可以让儿童在安全、支持的环境下学习和练习新的技能，包括语言技能、社会交往技能等。

8. 其他：（1）均衡的饮食：自闭症儿童很容易养成偏食的习惯。因此在诊断后，即须帮助他们养成良好的饮食习惯；（2）牙齿保健：需要定期的牙科检查，一个懂得自闭症儿童心理的牙科医生和护理人员十分重要，家长亦可帮助儿童习惯做牙齿保健；（3）家长互助会：家长互助会帮助家长互相支持，以及争取社会人士的了解和支持。

第四篇　儿童心理与教育

关注儿童心理健康

访谈嘉宾:安徽省儿童医院　儿童保健科　主治医师　王亚

三级心理咨询师,中华医学会儿科学分会发育行为学组青年委员。2003 年毕业于安徽医科大学妇幼卫生专业,2006 年进修于南京脑科医院儿童心理卫生中心,2015 年获得安徽医科大学儿科学硕士学位。在核心期刊发表论著数篇,并参与《育儿百科》等书籍的撰写,擅长儿童营养、生长发育监测及各种心理行为问题的咨询与干预。

现代生活因为就业、生存等问题,人们常常感到一种无形的压力。对于这些压力,有的人可以选择坚强面对,有的人则表现出消极的情绪。我们不禁要问,人与人之间的差别真的会有这么大吗?难道他们与生俱来就是如此的吗? 是否与他们童年时期缺少了健康教育有关呢?

主持人:王主任您好! 我发现不同的人如果遭受了相同的刺激,他们的表现完全是不一样的,这是否与他们的性格或者遗传有关呢?

王主任：是有关系的。人的性格有一部分是先天因素,包括遗传因素和父母的气质类型;一部分是后天因素,包括家庭环境因素和社会环境因素。性格分为内向型和外向型,比如遭受同样刺激的情况下,内向型的孩子不会诉说和宣泄,把情绪埋藏在心里,久而久之,可能会造成焦虑,甚至抑郁的症状。外向型的孩子爱说话,爱沟通,或者通过运动等其他途径来排遣他的不良情绪,即使面对一些压力、遭受挫折也不会对他造成太大的心理影响。

主持人：有些成年人表现出的性格障碍或者心理缺陷,是否与童年时期缺少关爱或者与家长不注重心理健康教育有关呢?

王主任：是有关系的。比如一个孩子在生活中经常遭受父母的责骂殴打、父母关系不和谐、父母过分关注,或者缺少家庭关爱等都会给孩子的心理发育造成一定的影响。到我们门诊来进行心理咨询的孩子当中,有80%的孩子家庭环境都是有问题的。有的是父母离异,有的是父母即将离异,还有的是隔代教育造成的。尤其是父母亲经常吵架的家庭对孩子心理造成的伤害远远高于在单亲家庭成长的孩子。其实对于单亲家庭来说,如果家庭氛围和谐融洽,孩子能够得到关爱和正确的教育,那么他的个性特征与正常家庭的孩子相比是没有明显差异的。

主持人：儿童会有精神方面的压力吗?

王主任：当然会有，与成人几乎是一样的。主要包括社交恐惧症、厌食、焦虑症、抑郁症甚至精神分裂症等。当然精神分裂症一般是有家族遗传史，在受到不良的刺激后会导致发病，尤其是青春期的孩子。对于较小的孩子来说，主要的精神压力是焦虑症，刚入园的孩子容易出现分离焦虑症，刚上小学的孩子容易出现学习压力的焦虑情绪。如果孩子有这些症状，就需要家长及时与老师一起配合帮助孩子克服焦虑情绪，也可以寻求儿童心理医生帮助疏导，一般情况下，大部分孩子都能顺利度过。

主持人：在长期的压力之下，孩子会患精神方面的疾病吗？

王主任：一般来说，青春期的孩子容易患抑郁症、焦虑症，尤其是小学五六年级到初中这个阶段。有一些是学习的原因，有一些是来自家庭环境的因素，比如父母关系紧张、家庭氛围恶劣会导致孩子对生活失去希望，进而导致孩子出现抑郁的症状。有些严重的，比如已经不是某种情绪了，而是完全影响到其社会功能，并被鉴定为病症的就需要到精神科使用药物治疗了。

主持人：家长能否通过儿童时期对孩子心理健康的关注来减少成年后出现心理问题的危险呢？

王主任：我们常说孩子的问题不是孩子本身出现问题，而是家庭的问题。一个良好的家庭环境和教育方式对孩子建立自信心、培养独立意识等都是非常关键的。我们很多家长都没有在孩子童年

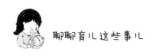

时期关注到这些问题,导致一些人到了青春期或者成年后出现社交障碍或者做出极端行为。我在门诊曾经遇到过一个前来进行心理咨询的孩子,当时印象非常深刻。这个孩子就读于某所重点初中,她的学习成绩非常优秀,但已经达到了重度抑郁症的指标,所以我建议她的父母带孩子去精神科进行诊治。但她的父母非常不能接受这个现实,大惑不解地问:孩子一直学习优异,怎么会有精神方面的问题?通过交谈,我发现在她父母的意识里只要学习成绩好就是健康的孩子,在孩子的成长过程中从未关注过她的心理问题。而这个孩子正处在青春期,平时与父母之间极少沟通,即使交流也是简单粗暴的,包括这对父母,他们之间的说话方式也总是非常激烈,缺乏理解与尊重。加上孩子平时在学校学习成绩突出,无论是家长还是老师都忽略了她的心理健康。其实这些问题都可以避免,只要家长在孩子童年时期有意识地关注孩子的心理健康,给予孩子健康快乐的成长环境,就会使孩子在成年后形成健全的人格。

主持人:父母如何给孩子营造一个良好的家庭氛围?

王主任:一个孩子的降生不仅只是满足他的物质生活,更重要的是关注孩子的心理需求。有的父母因为工作忙,把孩子交给老人,虽然很多老人愿意帮助子女分担生活的压力,但是隔代教养存在诸多问题。所以还是建议父母尽量自己带孩子,尤其是在孩子0~3岁时期。即使因为工作等一些特殊原因需要老人照看,也尽量在下班后或者周末假期多陪伴孩子。这样不管对孩子的性格、生活习惯,还是亲子关系等各方面都会比隔代教育要有利得多。除此以外,和谐的家庭环境也很重要,家庭成员之间要避免争吵;父母之间要相互尊重,更要尊重孩子,毕竟孩子也是家庭中的一员。父母要学会如何与孩子沟通,这样才能及时了解到孩子的心理状态,千万不要过于家长制,对孩子过分说教,否则会造成孩子无法向家长敞开心扉,甚至产生逆反心理。

　　主持人:有些家庭采取民主教育的方式,跟孩子做朋友。这样会使家长在孩子面前失去威信吗?

　　王主任:虽然平等,但是不能失去原则。在家庭中还是需要给孩子建立一定的规矩,与孩子做朋友、尊重孩子这是非常必要的,但并非没有界限和规矩,孩子想怎样就怎样。否则孩子又会走到另一个极端,导致孩子出现任性、自私、以自我为中心等不良的思想行为。

　　主持人:单亲家庭会对孩子造成哪些影响?

　　王主任:单亲家庭我们前面提到一些,如果家庭氛围和谐幸福,对孩子的影响不会太大。有些家长担心单亲家庭成长的孩子会缺乏安全感,或者过分夸大单亲家庭对孩子的伤害,其实不是绝对的,如果家长本身内心足够强大、人格健全、教育方法得当,那么就会给予孩子足够的自信心。在单亲家庭中我们需要注意的是性别认同的培养,比如家庭中父亲角色缺失,可以多让孩子接触舅舅、姨父、伯伯等男性亲友。如果母亲角色缺失,就让孩子多接触姑妈、婶

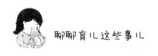

婶、姨妈等女性亲友。

主持人：有些家长不当的教育方法是否也会给孩子造成心理负担呢？

王主任：当然会。不当的教育方式目前最多的是对孩子进行超前教育。孩子在一定年龄应该学习什么，按照教育理念是有规律可循的，不可能去逾越孩子的年龄阶段，极具天赋的孩子毕竟是少数。也有的孩子在很小的时候就会在某些方面表现出超出同龄孩子的才能，例如背诵唐诗、认字、数数等等，但往往他表现出的聪明的一面会掩盖另一面。比如有些患孤独症的孩子，记忆力就非常超前，2岁就可以认识上千个汉字，但其他方面就会表现出特别滞后。所以对于孩子的教育，还是建议应该依据孩子人生的轨迹一步一步地进行。

其次就是溺爱。其实很多家长对孩子的溺爱是不自主的行为，不是刻意要溺爱。虽然孩子能够给一个家庭带来很多快乐，但如果在养育的过程中不注意正确的教育方式，放纵孩子的一些不好的行为习惯，就会使孩子养成自私自利、专横霸道的心理。并且这样的孩子往往成年后是不敢承担责任的，进而会影响到他工作和婚姻家庭。比如时下被大家谈论较多的"巨婴症""妈宝男"等都是家庭溺爱导致的"成人病"。

最后就是动辄打骂的教育方式，这样容易导致孩子出现紧张焦虑的情绪，有的孩子还会出现暴力倾向，将来也会对他的社交以及家庭造成影响。

说说儿童分离焦虑症

访谈嘉宾：北京巴迪豆豆国际儿童教育中心　园长　　王倩

每年的 3 月和 9 月都会有新的一批学龄前儿童进入幼儿园，而每到这个时候无论是孩子、家长还是老师都要面临一个严峻的考验。对于孩子来说他们要面对的是暂时与父母的分离，要到一个陌生环境中去面对一些陌生的面孔；对于老师和家长来说，他们要面对的是怎样来疏导孩子的问题。有的孩子可能会非常顺利地度过初入园的艰难时期，而有的孩子则留下了心灵的阴影。

主持人：王园长您好！请您先谈谈什么是分离焦虑症？

王园长：分离焦虑症主要指婴幼儿与其父母或者是抚养人分开后产生的一种持续的焦虑情绪，这种情绪会导致神经紊乱。而幼儿所想象的事情并没有真正的发生，反而会令他焦虑的情绪扩大，从而会造成幼儿生理机能的降低，所以称为"儿童分离焦虑症"，这只是儿童焦虑症中的一种。

主持人：儿童分离焦虑症一般好发于多大的孩子？

王园长：大部分好发于学龄前，我们主要谈谈 0 ~ 3 岁儿童分离焦虑症发展的规律。分离焦虑主要是由于孩子的依恋行为而产生的，依恋行为越严重，孩子发生分离焦虑的概率就越高。例如刚出生的婴儿对任何人都不会排斥，3 ~ 8 个月的婴儿依恋的初级状态开始萌芽，可能会对亲近的人产生依恋的情绪。依恋产生的同时，分离焦虑也会随之产生。8 个月到 3 岁期间的婴幼儿对母亲的依恋会达到高峰。孩子的依恋又分为几种不同的类型：有的孩子属于安全型依恋，有的孩子属于焦虑回避型的依恋，有的孩子属于焦虑反抗型依恋，这几种类型都取决于妈妈是如何对待孩子的。

主持人：儿童焦虑症有哪些表现？

王园长：患上儿童分离焦虑症的孩子学习能力会明显下降、不喜欢做游戏、不喜欢上课、不喜欢有任何社交。同时孩子还会产生很大的心理变化，会经常想象他的依附人（母亲或者依恋的人）突然死亡、突然消失，以至于他永远回不了家。还会假想自己会遭受一些危险，以至于他永远见不到爸爸妈妈。这些都是分离焦虑症所表现出来的症状，即使是年龄很小的孩子也会出现上述的问题。症状稍微轻一些的孩子会表现出固执地拒绝一个人睡觉或者拒绝在家庭以外的地方睡觉，并且这种抗拒的心理会持续很长时间。还会强烈地拒绝独处，可能会导致经常性地出现身体上的一些应激反应，例如头痛、胃痛、呕吐、夜惊等。如果孩子经常出现这样的状况，家长就需要提高警惕了。

　　主持人：有的孩子可能本身就有广泛性的发育障碍,或者是恐惧症,如何与儿童分离焦虑症区分呢?

　　王园长：儿童分离焦虑症所表现出来的心理问题不是单一的某个原因导致的,而是综合的原因。可能这个孩子在学龄前就有精神焦虑症或者恐惧感,恐惧感强也会造成分离焦虑症的产生。所以儿童分离焦虑症的诱因并非上幼儿园,幼儿园只是对该病症起到了推动的作用,其实孩子之前的心理就已经存在问题。

　　主持人：为什么上幼儿园会对孩子的分离焦虑产生推动作用呢?

　　王园长：首先,因为刚入园的孩子会对幼儿园产生恐惧心理。这是由于孩子很少参加一些集体活动、社会活动,所以没有社交的能力,当孩子需要进行社会性发展时,他感到自己无法应对,所以会束手无策,感到恐惧。其次,因为孩子的无知。由于孩子的生活自理能力较差,不会自己吃饭、穿衣、上厕所,不懂秩序,这些都有可能造成孩子的恐惧心理。再次,因为孩子不会表达自己的想法。在家里可能自己的一个眼神父母就会明白,但在幼儿园里,老师需要照顾很多孩子,无法揣摩到每个孩子的想法。因此一些不善于表达的孩子可能会出现焦虑的情绪。最后,因为孩子没有同伴意识。都市里生活的人都会发现一个共同的现象:同住在一个小区或者是一栋楼里的邻居可能互不相识,大家几乎没有任何往来。对于孩子来说

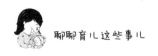

也会因此缺少同伴交往意识,甚至排斥交朋友。

主持人:导致孩子出现分离焦虑症的原因是什么?

王园长:根据症状的轻重程度,由高往低依次的原因有以下几点:第一,父母双方其中一方死亡对孩子的打击最大,产生分离焦虑症的可能性也是最高的。第二,父母离异、分居或者再婚会导致孩子产生分离焦虑症,尤其是离异对孩子的心理打击是非常大的。第三,父母经常出差,工作过于忙碌很少陪伴孩子。第四,孩子经历过受伤、受虐待或者是重病。第五,家庭成员的身体状况发生较大的变化。第六,在孩子没有心理准备的情况下独自面对社会,例如在孩子入园前家长没有给孩子做好准备工作帮助孩子适应新环境。第七,孩子必须改变一些个人的生活习惯(玩耍习惯、饮食习惯、作息习惯、交往习惯),这些改变也会对孩子的心理产生一定的影响。第八,生活环境的改变,例如搬家、转学、换老师等都会引起孩子产生焦虑的情绪。第九,到陌生的环境,例如旅行也会使一些孩子产生焦虑的情绪。第十,家庭聚会在一定的时间内发生多次改变。例如,有的家庭的聚会安排在周末,但因为各种原因经常更改聚会的时间,这样会使孩子感到有序的生活被打乱,从而产生焦虑的情绪。第十一,母亲与婴幼儿过早地分离,这种情况在生活中比较常见。比如很多留守儿童就是因为父母常年在外地打工,而与母亲过早地分离。

主持人:家长的焦虑情绪会影响到孩子吗?

　　王园长：家长的焦虑情绪一定会影响到孩子。如果家长患有焦虑症，其子女患焦虑症的概率会比其他孩子要高很多。有焦虑症的家长在送孩子去幼儿园以后会表现出坐立不安，或者不停地在幼儿园周围转，或者总给老师打电话询问孩子的情况，有的还会在家中假想孩子可能会出现的各种状况。这种焦虑的情绪对孩子的负面影响是比较大的。

　　主持人：家长在日常生活中有哪些错误的举动会容易导致孩子产生分离焦虑症？

　　王园长：其实有很多是家长平时不太注意的。例如有的家长会对孩子说："等你上幼儿园以后就和妈妈分开了，要和老师同学一起做游戏了。"看似很正常的一句话，可是孩子心里却会形成一定的负担，因为他听到的是"要和妈妈分开了"。所以家长在与孩子交流的时候要注意自己的措辞。还有的家长在见到孩子喜欢的熟人时故意逗引孩子："你去××人家吧，妈妈走啦！"当孩子听到这样的话时会立刻扑到家长的怀里，家长会因此获得一种心理上的满足感。可是这样的行为却容易造成孩子缺乏安全感，导致分离焦虑症的产生。所以家长在日常生活中正确的引导尤为重要。

　　主持人：分离焦虑症的危害是什么？

　　王园长：有些家长不太重视儿童分离焦虑症，认为随着年龄的

增长,自然就会好转。其实不然,分离焦虑症会对儿童的身心产生非常严重的影响。即会降低孩子智力活动的效果,降低其学习能力,会影响其将来的创造力以及对社会的适应能力。因此,在早期减少儿童的分离焦虑,尽量降低儿童分离焦虑症的危害,对他能力的发展和健康人格的形成有着十分重大的意义。

话说超前教育

访谈嘉宾：著名儿童教育专家　小巫

毕业于北京大学，美国 Rutgers 大学教育学硕士，美籍儿童教育专家，作者。从事儿童教育、亲子关系和父母成长的研究、咨询以及培训事业 15 年。著有《让孩子做主》《接纳孩子》《成功渡过母爱第一关》《小巫厨房蜜语》《小巫旅游蜜语》《小巫教你讲故事》《小巫教你编故事》等十余本畅销书，译著《无条件养育》。在多家育儿、时尚和心理类杂志及网站上主持专栏，深受年轻父母的拥戴。曾当选新浪教育 2012 年度"中国榜样家长"，被国外媒体誉为"中国的斯波克博士"。

每一个父母都希望自己的孩子能够学习好、工作好、生活好，受到这种愿望的驱使，很多父母都急切地希望把各种文化知识提前教给孩子，以便于孩子在上小学之后能学得更好一些，更轻松一些，将来的路走得更顺一些，于是他们就迫不及待地对孩子进行超前教育。把 3 岁的孩子才能掌握的东西教给了一两岁的孩子，把 5 岁的孩子才能掌握的东西教给了三四岁的孩子。这就使得一些年轻的父母在教育孩子的过程中遭遇了各种各样的挫折，以至于他们丧失

了教育孩子的信心,降低了教育孩子的热情,而且他们还对孩子的能力做出了错误的评估……

主持人:超前教育与早期教育是一回事儿吗?

小巫:肯定不是一个概念。正确的早期教育应该是在尊重儿童自然成长规律的基础上,给予孩子恰当的教育指导。超前教育是给孩子超出其年龄的一种不恰当、急功近利的教育方法,希望在孩子身上看到一些所谓的"成果",希望孩子在众多的同龄人中脱颖而出。有些家长是出于一种虚荣心对孩子进行超前教育,大部分家长是迫于社会压力,所以这就需要家长多思考,哪种教育方式更适合自己的孩子,而不是盲目跟风。

主持人:发达国家的教育状况是怎样的?

小巫:发达国家的学前教育没有太多的知识内容。义务教育从 5 岁开始,在这之前主张孩子尽量和父母在一起。即使是上幼儿园也只是半天时间,也不会学习什么知识,主要是孩子之间的一种交往活动,培养孩子的社交能力。因为孩子在很小的时候是以自我为中心的,很少去顾及他人的感受,这是一种正常的现象。到四五岁的时候孩子会产生社会交往的需求,这个时候再将孩子送到幼儿园感受集体生活,而不是学习所谓的"知识"。并且事实证明了我们国内的很多孩子虽然比发达国家的孩子在早期储备了很多的知识,但成年后并没有显示出更多的优势。因为他们很早掌握的这些技巧特长,发达国家的孩子到了一定年龄后轻而易举就可以掌握。教育是一项长远的工程,不仅仅是 0~6 岁。而且西方国家很早以前就做过这方面的研究和实验,结论是超前教育没有长期的好处。

主持人: 为什么中国如此盛行超前教育?

小巫: 在中国,有不少家庭都是一个孩子,所以家长有大量的时间和精力投入在这一个孩子身上。并且大家都抱着不能输的心态,所以都希望能把握这一次机会把孩子培养成神童,或者绝不能落后于人。目前特别流行的一句口号是"不能让孩子输在起跑线上",我觉得非常滑稽,因为人生不是百米冲刺,而是一场马拉松。人的一生好几十年甚至上百年,不输在起跑线上并不意味着他能顺利地走到终点。所以我提倡的一句话是"我们要让孩子赢在终点"。

主持人: 可是家长认为"不输在起跑线上"是为了后面跑起来更省力,至少不必再去赶超了。

小巫: 这个道理我觉得一般的运动员就可以告诉你,跑马拉松的时候千万不能在起跑的时候一马当先,要省力,否则后面就跑不动了。早熟的果子一定会早衰,没有人会永远保持优势。

主持人: 超前教育这个理念是从哪儿来的呢?

小巫：早在 30 年前,美国和苏联为了增强竞争实力不约而同地进行了一次教育改革,改革重点就是加大教育力度。提出了对学龄前儿童进行高难度的训练,也就是咱们现在流行的超前教育。美国的典型代表人物是布鲁姆,苏联的代表人物是赞科夫,他们认为超前教育决定了人一生的发展水平甚至决定了人一生的社会成就,但是这两个人在经过了几十年的研究和试验之后发现这是有问题的,通过一些经验教训认识到如果按照这种方法短期内看效果不错,但是从长远来看是不利的,所以及时纠错。但没想到这个教育方式又传到了中国并被大家追捧。当然我们不能完全把责任推给美国和苏联,因为东方的教育传统从某种程度上与这种教育理念是相符的,比如衡量一个孩子是否聪明,衡量标准就是背诵诗书,或者数学能力、掌握外语的能力、才艺等技巧方面的能力。但这种教育模式非常符合一个稳定的社会,就是这个社会无须再前进了,因为这种教育模式是无法培养出创新型人才的。怎样才能让人具备创新能力？就是要保护好他的童年。

主持人：超前教育对孩子会有哪些影响?

小巫：超前教育提前给孩子灌输的知识和技巧都不是孩子主动学习的结果,在很小的年龄就背负巨大的教育包袱,不仅给孩子的身体健康埋下隐患,还会影响他将来学习的主动性和积极性。因为人的大脑潜能不是无限的,所谓的无限之说纯属一种误传,所以需要让孩子的能量在恰当的年龄段进行发挥,而家长需要做的是建立与孩子之间良好的亲子关系。而建立亲子关系是需要时间的,要经常和孩子互动,给孩子讲故事,带他一起感受大自然、一起旅行、一起探索,开发孩子的运动能力,强健他的身体。孩子在童年时期要做的事情很多很多,没有时间去学习所谓的"知识"。当然不对孩子进行超前教育并不等于不教育,让孩子放任自流。这是一件很微妙的事情,要谨慎地把握好尺度,永远不要认为自己知道的就是正确的,就是最好的。如果只是让孩子接受我们的想法,我们就不会进步,甚至退后。

主持人:可是现在国内很多重点小学在招生时都会优先录取那些各方面能力都突出的孩子,家长面对现实就会感到有压力,更会感到矛盾。应该怎么办呢?

小巫:我的老师经常在上课前告诉我们"你不必相信我说的话,你必须对你选择相信什么负责任",所以我今天说的话也希望大家能参考这一点。如果作为家长了解到这种教育方式不会给孩子带来任何好处,能够抵抗这种压力,可以选择不让孩子上重点学校,拒绝对孩子进行不合理的教育方式的话,我觉得更好。因为没有任何一项数据表明:重点幼儿园 = 重点小学 = 重点中学 = 重点大学 = 幸福人生。

主持人:如果父母拒绝跟随大环境的教育模式,接下来的教育应该怎么做呢?

小巫:如果家长下定决心了,首先不要孤军奋战,要找一些志

同道合的人形成一个支持网络。因为想在这样的大环境中做到把童年还给孩子是异常困难的,这条路很艰难,所以要做好思想准备。

好父母的必修课——小巫教你讲故事

访谈嘉宾：著名儿童教育专家　小巫

　　毕业于北京大学，美国 Rutgers 大学教育学硕士，美籍儿童教育专家，作者。从事儿童教育、亲子关系和父母成长的研究、咨询以及培训事业 15 年。著有《让孩子做主》《接纳孩子》《成功渡过母爱第一关》《小巫厨房蜜语》《小巫旅游蜜语》《小巫教你讲故事》《小巫教你编故事》等十余本畅销书，译著《无条件养育》。在多家育儿、时尚和心理类杂志及网站上主持专栏，深受年轻父母的拥戴。曾当选新浪教育 2012 年度"中国榜样家长"，被国外媒体誉为"中国的斯波克博士"。

　　一位母亲带着她 9 岁的神童儿子去拜见爱因斯坦，向他讨教如何能让她的孩子在数学方面更上一个台阶。爱因斯坦回答："给他讲故事吧！"这位母亲不甘心，继续向他询问关于数学教育方面的一些问题。爱因斯坦告诉她："如果你想让你的孩子聪明，那就给他讲故事。如果你想让孩子具有智慧，那就给他讲更多的故事吧！"

　　主持人：很多观众说在阅读了小巫老师的书《小巫教你讲故事》后受益匪浅，发现原来给孩子讲故事还有如此多的学问。

　　小巫：讲故事首先不是念书，可能有些家长看到"讲故事"三个字的时候会认为只是拿一本书给孩子念。其实讲故事是家长亲口讲给孩子听，甚至是给孩子编故事，而不是依赖书本。因为听觉是人类几大感觉器官中非常重要的一个，我们的听力比阅读力要更加发达。我们在听故事的时候可以打开想象的翅膀，人类所有的思维都是借助于画面的，越小的孩子越要借助于画面来思考。孩子在听故事时会把大人的语言翻译成画面，就需要充分发挥想象力和创造力，同时提高孩子的专注力。信息大爆炸的世界对孩子来说太嘈杂了。各种电子产品、各种游乐场所、各种玩具、各种人工智能的东西都在干扰着孩子感官的发展，尤其是电子产品对孩子的专注力影响最大。所以通过讲故事可以对孩子进行治疗，促进孩子专注力的提高、词汇量的提高、语言能力的提高。孩子的语言能力是通过听力而不是识字卡来发展的，所以听故事多的孩子词汇量一定大，这点是早有证明的。虽然孩子在听了很多故事之后可能还不认字，还不能独立阅读，但是一旦他可以自主阅读，他的阅读能力会非常强。包括他的写作能力、创作能力、想象力、语言能力都会飞速成长。而讲故事对孩子最为深远的影响是使他的心灵得到滋养。

　　主持人：您在书中提到给孩子讲故事不仅可以滋养心灵、开发智力、想象力和创造力，同时还可以增进亲子关系是吗？

　　小巫：是的！当孩子听到来自父母的声音为他讲书中的故事，

或者是爸爸妈妈自己亲身经历的故事甚至是编出来的故事,孩子会感到无比幸福。其实我们每一个爸爸妈妈都可以成为故事大王。在这本书里我也收集了很多爸爸妈妈自己写的故事,非常有趣。

主持人:我们有很多家长在给孩子讲故事时可能会出现很多不当的方法,哪些需要家长注意呢?

小巫:有些家长给孩子讲完故事后总爱追问孩子故事的意义,当你把故事意义说破时,这个故事就没有意义了,这是讲故事的一大忌。因为讲故事是对孩子潜移默化的一种影响,孩子从故事中吸收到了什么家长是不能强求的。我们主观地认为故事中有这样或者那样的教育意义是非常狭隘的,其实孩子从故事中吸收到的比我们成人理解到的、解释出来的更深、更多。

主持人:我们的家长应该如何选择故事、讲好故事呢?

小巫:第一,年龄越小的孩子越需要听重复性强的故事,更小一些的孩子家长可以去吟诵韵律性强的儿歌。因为韵律性强的儿歌与儿童的呼吸与心跳是一致的,孩子会记忆深刻。第二,家长在讲睡前故事时,最好关灯并且轻声细语,不要用抑扬顿挫的语调,会使孩子越听越兴奋。白天给孩子讲故事可以用夸张的语气、语调,甚至是肢体语言来为孩子表演故事。第三,家长在给孩子讲故事前要明确自己是否与这个故事有共鸣? 这个故事是否能感染到自己? 只有家长自己深深沉浸在故事中,才能真正把这个故事的精髓带给

孩子。一旦做到这些,会发现故事中所包含的一切意义不是家长用语言可以表达出来的,家长只是作为故事与孩子之间的媒介,如同母乳一般把故事传递给孩子,这样孩子才会深深地受到感染,从而被故事打动。

主持人:您在书中把孩子分为了风、火、水、土4种不同的气质类型,家长需要按照孩子不同的气质类型给孩子讲故事吗?

小巫:我之所以在书中提到孩子这4种气质类型,初衷是让家长意识到每一个人都有天生的气质类型,这些气质类型的人分别是用什么方式来认知世界、学习和处事。有的孩子显得很聪明,这是气质类型使然,有的孩子显得不太机灵,这也是气质类型使然。并非这个孩子聪明,那个孩子笨,只是因为吸收方式不同,所以呈现出来也不同。家长在给孩子讲故事时如果可以对应着气质类型来选择合适的方式,会感到非常轻松,这也是讲故事的一种小窍门。

主持人:有些家长给孩子讲故事可能不太会表达,或者不知道该如何把故事讲得更精彩,对此您有哪些好的方法呢?

小巫:我女儿刚上一年级时,有一次我到他们班讲故事,我是给他们表演手偶戏。我拿了一些自己做的小手偶和贝壳、石子、小木块、自己染的一块丝绸,用这些道具搭了一个场景,然后给孩子表演故事。这样是帮助孩子积累脑海中的画面,这是非常有趣的一种讲故事的方式,家长可以尝试一下。

主持人：什么是治疗性故事？作用是什么？

小巫：治疗性故事不是指为了给孩子治愈某种心理疾病，其实所有的好故事都有治疗功用，它的滋养与治疗是并行的。就像所有的保健品一样，可以提高人体的免疫力，强壮身体。当人体有问题时，它有治疗的作用，人体没有问题会起到滋养的作用。治疗性故事在孩子面对一些困惑的时候，在家长想传输给孩子一些价值观的时候可以发挥作用。因为家长直接对孩子的教导，往往孩子很难接受，因为没有人爱听大道理的。所以面对这些情况时就给孩子讲治疗性故事。讲这些故事时家长要放下所有的情绪和对孩子的期待，就是纯粹地敞开心怀地讲故事。孩子也许不会马上发生转变、接受家长的观点，但通过你的用心讲述，孩子会走入故事营建的场景。故事中的情节和人物遭遇能在孩子的心中产生共鸣，当他能够全部领会到故事中人物的心态时，自然会解除他心中的焦虑，获得力量，他也会明白今后该如何做才是更好的。

主持人：家长对于治疗性故事如何进行选择？

小巫：一种方式是可以通过购买现成书籍，像《故事知道怎么办》就很好。还有一种方式就是家长自己编，我更倾向于妈妈们自己学会编这类故事，但需要掌握一个要素：不要直接把行为编进去。例如有的孩子爱吃手指头，妈妈就编一个爱吃手指头的小孩子的故事，这样肯定没有作用，因为孩子一听就知道是在说他。所

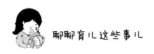

以妈妈需要找到另外一个角色来隐喻，而不是直接讲述一种行为。如果家长实在编不出故事，就讲自己小时候的，或者是自然界的故事。

早期艺术教育

访谈嘉宾：北京优贝艺术中心创始人　钢琴教育家　孙燕

本科毕业于中国音乐学院钢琴专业，中央音乐学院音乐教育研究生。从事钢琴教育培训工作十余年，在多年的教学中探索出了行之有效的教学方法，教学内容和技巧正规、专业；责任心强、耐心细致，善于把握学习者心理，易于激发学习兴趣，能在切实有效地提高学生技巧的同时，培养学习者善于学习、专注认真、享受音乐的优良品质。2005 年创立北京非凡音乐艺术工作室，培养了一大批优秀学生，多名学生考入了中国音乐学院、中央戏剧学院等。2003～2009年，教授的多名学生在全国及北京权威的艺术比赛中，数十次获得金奖。本人也多次被大赛组委会授予"优秀教师"的荣誉称号。2003～2009 年，在《人民音乐》《中央音乐学院学报》等国家核心音乐期刊上发表专业论文多篇。2009 年，被聘请为文化部主办的全国艺术风采大赛钢琴组评委。

过去我们的家长经常对孩子说：学好数理化，走遍全天下。这也反映出家长对主课的重视程度。现在的家长则更注重孩子的全面发展，因此艺术、体育等教育也就成为家长教育规划当中的重要

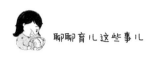

组成部分。就拿艺术教育来说,像舞蹈、音乐、美术等家长必定会选其一让孩子学习。可是我们的家长并没有深入思考艺术教育对孩子真正的意义是什么,更多的家长是迫于周围的压力而盲目跟风。

主持人:孙老师您好!请您先跟我们谈谈什么是早期艺术教育。

孙老师:早期艺术教育又称为学前艺术教育。根据孩子的心理特点,把音乐、美术、舞蹈等艺术门类按照孩子心理活动的发展特点对他们进行基础知识和技能方面的一种训练。

主持人:这样的教育形式是从什么时候开始被大家关注的呢?

孙老师:从20世纪50年代开始,我国就提倡德智体美劳全面发展,那个时期早期艺术教育被划为审美的艺术范畴。到了20世纪80年代很多人开始关注开发孩子的右脑(艺术教育可以开发右脑)、发展孩子的创造力,这些观念被不断地提出。从20世纪90年代直到现在,不同的价值观念和艺术教育价值观不断地提出,于是很多的教育专家和家长就把视线投向了幼儿。

主持人:早期艺术教育的意义是什么?

孙老师:艺术教育的终极目标是全面发展孩子和谐健康的能力。首先,通过艺术教育可以帮助孩子构建内部的一种自我关系以及人际关系、自我和大自然和谐相处的体验的关系,让我们的人格不断完善,启迪我们的智慧,开发我们的右脑。其次,孩子在艺术教育过程中可以体验到快乐,通过学习艺术方面的知识和技能,展现给家长获得肯定,从而增强孩子的自信心。另外,孩子在3岁之前与艺术天生有一种奇妙的缘分,比如在胎儿时期就经常聆听妈妈的心跳,这种心跳又被称为"心搏音乐",胎儿在母体里听到这种声音就会感到很安全。当孩子出生后就会对妈妈的声音有敏锐的感觉;当孩子开始咿呀学语时,就会对音乐的感觉非常明显;再到可以拿画笔的时候就会迫不及待地到处涂鸦。这一系列的表现可以看出孩子与生俱来有一种对美的追求。如果家长及时地把握这个时机,去捕捉孩子的这种能力,再进行适当引导,就不会让孩子的这种天分消失。

主持人:艺术的门类太多,艺术教育的范围是什么?

孙老师:艺术教育的范围还是很广的,例如我们耳熟能详的音乐,就包括器乐、声乐;舞蹈类还包括视觉艺术;美术类还包括了空间想象的艺术等。还有语言类,其中就有小品、戏剧、朗诵等。还有中国的传统艺术——戏曲,有些艺术培训机构对孩子进行早期的传统戏曲培养就是很好的一种形式。

主持人:家长在给孩子进行早期艺术教育时应该给孩子营造什么样的氛围?

孙老师：关于如何对孩子进行艺术熏陶或者艺术教育的具体实施方法，我觉得首先要营造艺术的环境，例如在孩子出生后要让他生活在充满音乐的环境中，刷牙、漱口、起床、穿衣等选择不同的音乐，入睡前可以播放一些缓慢的名曲来帮助睡眠。对于没有出生的胎儿可以多听一些胎教音乐。目前市场上的胎教音乐种类也很多，家长可以根据自己的喜好来选择。

主持人：孩子从多大开始进行艺术教育比较合适？

孙老师：早期艺术教育当然是越早越好。现在很多家长从胎教就开始了，所以我认为胎儿期就可以开始进行艺术教育。等到孩子具备一定的艺术能力，需要进一步的技术提高，而家长此时已经无法胜任了，再根据不同的艺术门类，在孩子4岁左右可以找专业的老师进行指导。

主持人：因为艺术的门类太多了，家长如何发现孩子的兴趣点选择适合孩子的艺术课程？

孙老师：因为家长是孩子的第一任老师，所以在孩子成长的过程中要敏锐地发现自己的孩子在哪些方面有特长，他对哪些事物的关注度更高，此时家长就可以尝试着在这些方面进行引导、启发和激发，让孩子在这个方面的兴趣能保持下去。有的家长可能会说："我的孩子舞蹈、音乐、美术都很好，我该报什么兴趣班呢？"面对这种情况，建议家长先带孩子去试课，再看家长本身所擅长的是否与孩子的兴趣保持一致,可以课下辅导孩子。如果找到了最佳的方案,最好选择一项重要的,其余的就不要花费过多的精力来培养了。因为艺术的学习过程是长期的效应,必须长期地坚持才能看到成效。

主持人: 早期艺术教育是否一定要参加专业的培训班呢?

孙老师: 家长如果在某些方面有艺术专长,最好是在家里施教。因为家长可以随时发现孩子的兴奋点及时地对孩子进行艺术教育。例如可以在最佳的时机给孩子放一段音乐,或者画一幅画、做一个手工作品等等。当家长无法胜任这项教育时,或者是孩子在专业知识和专业技能上需要进一步提高时,给孩子报班就很有必要。

主持人: 家长在给孩子进行早期艺术教育时,应该充当什么样的角色?

孙老师: 我认为家长应该是孩子最好的伙伴。学习的时候,家长和孩子是共同的学习伙伴;需要聆听时,家长是孩子最好的听众,然后是合格的助教。

主持人: 我们如何捕捉到幼儿的艺术潜能并加以培养?

孙老师: 多项科学研究证明幼儿的潜能在 3 岁之前是存在的。

由于胎儿时期在母体内感受到的"心搏音乐",因此出生后孩子会对妈妈的声音特别敏感,还有色彩,此时家长就要适当地给孩子加强这方面的敏感度。在孩子半岁之前可以给孩子朗诵一些优秀的经典儿歌,在孩子学说话的时候可以听一些带音乐的儿歌,孩子1岁以后四肢的协调能力逐渐建立,家长可以陪孩子在音乐声中舞蹈;到了两三岁时,孩子的记忆能力增强,家长可以适当地对孩子进行古典音乐的熏陶,同时再播放大量的儿歌。

主持人:如何判断孩子的音乐才能?

孙老师:当孩子在2岁以内就可以唱一首完整的儿歌,并且音调比较准确,有一定的节奏感,2岁以后有较强的表演能力和表演欲望。或者孩子对家里的一些乐器表现出极大的兴趣,并且能敲打出一些音调,此时家长就要好好留意一下,可以适当地对孩子进行音乐方面的培养。从专业教师的角度来衡量一个孩子是否具备音乐天赋,我们首先会测试孩子是否能准确地辨别和模仿出钢琴弹奏出的音阶,以及是否能模仿教师拍打的节奏。如果孩子都能完成得非常好,我们就会建议家长让孩子学习音乐。

主持人:孩子多大开始适合学习钢琴?学习钢琴的意义是什么?

孙老师:钢琴从技术方面来讲需要孩子的手指肌能发展到一定程度,4岁以下的孩子注意力无法集中,手指也比较软,所以建议孩子 4 岁半到 5 岁再学习钢琴。现在很多家长都会选择让孩子学习钢琴,因为钢琴是具有广泛音域的乐器,同时又具有很多的音色变化,所以又称为"乐器之王"。孩子通过学习钢琴,并有技巧地演奏,几乎所有的音乐作品都可以在钢琴上表现出来。另外,不少独生子女常常会感到孤单,在弹奏钢琴的时候可以把钢琴当成诉说和交流的朋友,抒发自己的情感。钢琴学习在孩子的成长过程中对心理健康的发展起到积极的作用。

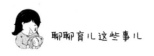

谈谈家长和老师的教育冲突

访谈嘉宾：北京市小熊猫幼儿园园长　李彤

当孩子进入幼儿园和小学之后,我们的家长和老师都有一个共同的目标:希望孩子能够健康成长,学有所成。可是在这个共同目标的背后却上演着一幕又一幕的矛盾冲突,我们常听到一些家长责怪老师,我们也常听到一些老师埋怨家长,其实核心原因都是为了孩子。老师和家长所处的位置不同,所以他们对孩子的理解和感情色彩也不同,因此正确地处理好老师和家长之间的矛盾,对教育孩子和促进教师的教学都是非常有帮助的。

主持人：您好李园长！其实老师与家长之间的教育冲突是全球范围内普遍存在的现象。理论上,老师与家长之间应该会配合得非常自如,可是从理想的彼岸到现实的此岸却是有差距的。一旦大家面对了现状,老师和家长之间就会变得不太信任,甚至是处在敌对的状态中。您认为老师和家长之间为什么会产生矛盾冲突?

李园长：我觉得老师和家长之间存在矛盾是特别正常的,可能大家都会站在自己的角度看待问题,但是作为家长和老师应该问问自己是否真的考虑到孩子了。因为更多的情况是双方考虑更多的是自己的需求、利益和情感。所以有矛盾不用担心,最重要的是处理矛盾的态度和寻求解决的方法。

主持人:老师与家长之间的矛盾主要表现在哪些方面?

李园长:孩子在幼儿园期间,家长与老师的矛盾发生频率最高的时期是孩子3岁刚入园的时候,小学期间矛盾发生频率最高的时期是一年级新生刚入学的时候。这个时期家长往往因为孩子刚进入新的环境而焦虑担忧,假想自己的孩子可能会出现的各种状况。例如,吃不饱饭、被欺负、被罚站、尿裤子等等。这样的一系列心理暗示势必会影响到家长的一些情绪和判断。作为老师也会非常害怕接触新生的家长,无形中在自己与家长中间树立起自我保护的屏障。我们常说一万个家庭有一万种养育方法,可是孩子到了学校所受到的教育模式是相同的,张扬个性和表现自我的空间相对要小很多。尽管老师作为一个普通人也希望孩子们的天性能得以释放,充分展现自己的个性,但更多的责任是要保证孩子的安全和维持正常的学习秩序,所以自然会出现一些家长不太能接受的情况。

主持人:面对不同的家庭背景和不同素质的家长,老师应该如何与家长沟通?

李园长:其实沟通最好的方式是倾听,而不是说和解释。我们发现每当出现问题时,无论是家长还是老师都是在急于说明自己是

如何教育孩子的，这种交流方式不是沟通。沟通是建立在相互理解的基础上，并且能相互给予建设性的意见。当我们感到气愤或者难过的时候，不要急于去争辩，先耐心地倾听对方的想法，冷静后做出的判断才是最客观的。在学校里经常会出现孩子之间的争吵、打架，或者有的老师处理问题不公正等情况，面对这些就需要我们用一种积极的态度去引导孩子。有一句话是"每个人眼中的世界不同"，我们怎样看世界就会拥有怎样的人生，所以家长需要教会孩子在生活中多发现美好的事物。有很多幼儿家长接孩子的时候常会问孩子这样几个问题：今天老师批评你了吗？今天有人欺负你了吗？今天老师表扬谁了？其实家长向孩子询问这几个问题时一定要特别慎重，因为这是一种暗示和引导。对于幼儿来说，伙伴之间的肢体冲撞不会特别在意，哪怕因为在一起做游戏造成的一些小擦伤，孩子可能并不认为是一种伤害。但是很多家长看到后会担心，不停地追问孩子是不是被同学欺负，当孩子下次再发生类似情况时就会认为自己被同伴欺负。如果此时老师没有及时处理，或者处理的结果令家长不满意，就会激化双方的矛盾。

主持人：每个家庭对发展孩子的性格都有自己的一套方法，有的家长希望孩子能活跃、大胆一些，但学校首先要求的是孩子要听话要遵守纪律。当家庭教育与学校教育相冲突时怎么办？

李园长：每个孩子的性格都不相同，作为老师应该接纳每一个孩子。站在家长角度，希望在学校不要压抑孩子的个性，这点无可争议。但需要遵守基本的教育原则，即不能伤害到别人，不能打扰到集体,这也是对他人的一种尊重。另外,一些性格相对内向的学生,如果有合理的需求可以大胆地向老师提出。当自己有很重要的合理的事情需要处理时,面对老师的一些要求也可以说"不"。学校里的规则是为了让孩子能更好地建立规则意识和行为,在良好的环境中学习成长,而不是去压抑孩子的个性,控制孩子的言行。

主持人:当孩子学习不好或者表现不好时,有不少家长都有被老师请到学校谈话的经历,有的可能还会遭到老师严厉的批评。作为家长会感到颜面尽失,对老师严厉的态度更是敢怒不敢言。其实这样非常不利于家长与老师之间的关系,这种情况应该怎么处理更合适呢?

李园长:其实当家长接到被请去见老师的消息时,他心里的盾牌就已经举起来了。而当老师要去准备与家长谈话时,心里的矛可能也竖立起来了。彼此内心的防御机制一旦开启,就会出现我们担心的问题。老师因为孩子不好的表现而气急败坏地冲家长发火,其实家长不必感到生气,因为当一个人用不尊重他人的语言方式进行交流时,表明他已经非常无力和弱势了。所以家长可以在老师冷静下来以后,先对老师表示感谢,再不卑不亢地把自己不同的观点表达出来,尤其是自己的教育观点。然后心平气和地共同探讨寻找最佳的改善方法。其实大家的初衷都是为了孩子能够更好,只是需要相互理解和支持,面对孩子的问题都不要太过紧张,大家需要放松下来处理效果才更好。

主持人：老师和家长之间应该如何建立良好的关系呢？

李园长：无论是家长还是老师，如果做到"把学生当成自己的学生，把孩子当成自己的孩子"，一切从孩子的角度出发，矛盾就会减少。家长在与老师交流中用自然真诚的态度把自己的观点清楚地表达出来。相互的信任是有效沟通的基础，也是建立良好关系的必要条件。

帮孩子树立正确的金钱观

访谈嘉宾：北京巴迪豆豆国际儿童教育中心　园长　王倩

在中国的传统教育里，孩子是不能接触金钱的。可是现在早已经进入了商品社会，孩子不可避免地要与金钱打交道，所以家长需要帮助孩子树立正确的金钱观、价值观以及在金钱上的责任感，也是父母需要面对的一大教育课题。

主持人：为什么要对孩子进行金钱观的培养？

王园长：在中国的传统观念里是羞于谈钱的，跟孩子谈钱更是难以启齿的，所以孩子长大后没有任何金钱观的概念，造成现在社会上出现很多极端的消费观念。例如嗜钱如命、挥霍金钱等等。现在很多家长都注重智商和情商的培养，但财商同等重要，如果没有从小树立正确的金钱观对孩子将来的影响会很大。

主持人：对孩子的一生会产生哪些影响？

王园长：一方面，从小接受了正确的金钱观教育对孩子的品格

会有非常好的影响。例如,我们要告诉孩子钱是从哪儿得来的,孩子要了解到钱是父母在辛苦的劳动中获得的。由此孩子懂得将来要回报父母,回报社会,产生一种责任感。另一方面,现在各种琳琅满目的商品和眼花缭乱的销售手段充斥着我们的生活,更令孩子无从选择。如果我们对他进行金钱观的教育,孩子就会具备一定的分辨能力,知道哪些东西是自己需要的,哪些是不需要的,将来更不会在金钱上迷失自己。

主持人:金钱观教育具体包括哪些方面的内容?

王园长:第一,父母必须承担起教授孩子财商的老师角色;第二,父母对孩子不要再羞于谈钱,其实孩子对事物的理解力可能要比我们想象的强很多,所以父母不要回避这个话题;第三,是父母拿出不同面额的钱币让孩子认识什么是钱、钱是从哪儿来的;第四,是让孩子了解钱的用途,如何对待金钱;第五,一定要告诉孩子钱不是万能的。

主持人:孩子从何时接受金钱观教育会更好?

王园长:孩子在2~3岁就会对金钱有萌芽的概念了,所以在此期间就可以让孩子认识钱币,包括硬币和纸币。在孩子4~5岁时再让孩子了解钱币的不同面额,孩子一般都会理解。

主持人:什么样的金钱观教育能够使孩子沿着健康的人生道

路发展?

王园长:家长只要坚持一个原则:对孩子进行金钱观教育是为了让孩子知道金钱的使用和管理,所谓君子爱财,取之有道。

主持人:有的家长会给孩子一些零花钱让他自己去管理,具体应该怎样做呢?

王园长:每个家庭的情况都不相同,父母的教育理念也不同,具体每个月给孩子多少零用钱是根据各个家庭自己来决定的。但是需要把握一个原则:不能过多,也不能太少。因为两种情况都会产生一些负面的影响,所以给孩子零用钱的数额与方式可以与孩子共同商讨。首先要了解孩子哪些方面需要这些零用钱。不建议将这些零用钱用来支付孩子的生活必需品,例如衣食等,可以用来支付孩子的玩具、文具、零食等,这些零用钱家长计划一下再与孩子进行商讨,制定每个月零用钱的数额,同时要求孩子养成记账的习惯。家长在培养财商的过程中要允许孩子犯错,例如孩子每个月的花费超额了,或者是购买了不必要的物品等情况,家长可以通过孩子的账本帮助孩子分析问题,进行纠错并及时改正。

主持人:还有的家长会带孩子去玩购物的游戏,这种方式是否有助于财商的培养?

王园长:这其实是对孩子金钱观进行启蒙教育的一种方式。

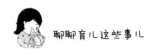

家长在家里模拟一个小超市或者小商店,父母和孩子可以扮演不同的角色,让孩子在游戏中体会钱的用处以及交易的概念,逐步轻松获得理财知识。

主持人:随着生活水平的提高,很多家长都能轻松满足孩子的一些物质需求。过多地满足孩子的物质需求对孩子有哪些影响?

王园长:过多地满足孩子的需求,会使孩子缺少快乐感和满足感,导致孩子将来没有自立的能力。尤其是我们经常会在商场看到一些孩子因为想买一件玩具拼命与父母吵闹的场景,其实这种情况发生的原因就是父母平时太轻易满足孩子的需求,从未对孩子说过"不"。如果父母对孩子的要求拒绝过,一定不会出现商场里的那一幕。父母一定要切记,金钱并不能代表爱,千万不要让孩子认为金钱可以换来爱,否则孩子将来走上社会一定会因此而吃亏。

主持人:很多国外的父母会通过让孩子在家里劳动获得报酬的方式挣零花钱,这种方式可取吗?

王园长:其实这种方式也是有一定的弊端。因为会导致孩子分不清哪些是义务劳动,哪些是可以获得报酬的劳动,他以后可能会做任何事都会向家长要报酬。我们需要让孩子了解帮助父母做家务不属于工作,而金钱是需要通过工作获得的。如果想让孩子感受因为工作获得报酬,可以给孩子设定一些具体的家庭工作项目,例如一个月刷 10 次碗,或者打扫房间 5 次等,根据完成的情况来获得月薪,而不是每帮父母做一件事情就支付一笔报酬。

主持人: 我们生活的社会是有贫富差距的,面对财富的悬殊,家长应该如何引导孩子平衡心态?

王园长: 面对经济飞速发展的社会,我们没有必要对孩子隐瞒现实现状,也无法隐瞒。因为孩子会感受到经济的变化,感受到收入的多寡不均,所以造成了很多家长的困惑。于是有些家长在给孩子选择学校时,会考虑到这个学校是否有攀比之风。但对此我们是无法回避的,因为孩子毕竟不是生活在真空里,所以家长首先自己要正视这个问题,端正自己的心态。然后让孩子了解因为社会上有不同的分工,酬劳自然也不相同,这与每个人的教育背景、生活环境以及机遇不同有关。拥有较多财富的人可能需要面对难度更大的工作,付出更多的努力同时还要获得一些机遇。这种方式一方面可以让孩子了解为何会存在收入差距、贫富差距,一方面也可以让孩子对自己的人生目标提前做规划。孩子可能不会马上领会,但以后一定会明白并接受,不会产生极端的心理。

主持人: 父母如何对孩子进行正确金钱观的培养呢?

王园长: 作为家长在对孩子进行各方面的教育都必须要有自己的原则,这样就不会偏离大方向。对于正确金钱观的培养,家长首先可以告诉孩子家庭的收支状况,例如水电费、煤气费、网费、房贷或房租以及日常生活的一些开支,都要让孩子了解。然后再通过

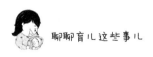

挣零花钱的方式让孩子明白工作获得酬劳的道理,同时体会父母工作的辛苦。因为每个孩子的性格类型不同,所以建议父母对自己的孩子要多观察,有的放矢地进行培养教育。例如有些孩子天生属于储蓄型的,不爱花钱,也不愿意花钱,这种类型的孩子将来就容易出现过于吝啬的情况。最为重要的一点是,家长需要让孩子明白金钱不是万能的。虽然我们的生活离不开金钱,但是也有很多东西是金钱买不到的,例如健康、亲情、爱情、友情、快乐、青春、良知、宽容等等,所以不要一味地偏激地去追求金钱。

郑佳佳/编

聊聊育儿这些事儿
——电视育儿节目访谈录

时代出版传媒股份有限公司
安徽文艺出版社